I0886689

BR · KAFFEE-HANDBUCH

BERNHARD ROTHFOS

KAFFEE-HANDBUCH

CRAM, DE GRUYTER & CO., HAMBURG 1

1960

Unter Mitarbeit der Herren Hans Spriestersbach, Hamburg, Prof. Dr. O. Eichler, Heidelberg, Dr. Oskar F. Kaden, Hamburg, Dipl.-Kfm. Kay Roggenkamp, Hamburg, sowie der Firmen Probat-Werke, Emmerich, LURGI Gesellschaft für Wärmetechnik mbH, Frankfurt/M., Fr. Hesser, Stuttgart-Bad Cannstatt, und DEK Deutsche Extrakt Kaffee GmbH, Hamburg.

Ferner wurden mit Genehmigung der Originalverleger Beiträge aus folgenden Werken abgedruckt:

Heinrich Eduard Jacob, Sage und Siegeszug des Kaffees
Rowohlt Verlag GmbH, Hamburg

Sybille Schall, Die Kunst, Kaffee zu trinken
Ernst Heimeran Verlag, München

Hans Spriestersbach, Geschichte zwischen den Wendekreisen
Verlag GORDIAN — Max Rieck, Hamburg

Gerhart Söhn, Von Mokka bis Espresso
Gerhart Söhn, Kleine Kaffee-Kunde
Cram, de Gruyter & Co., Hamburg

©

Copyright 1960 by Cram, de Gruyter & Co., Hamburg 1
Alle Rechte einschließlich der Übersetzung in fremde Sprachen vorbehalten
Gesamtherstellung: Buchdruckerei Gustav Peters, Lüneburg
Printed in Germany

Vorwort

Eine durch Generationen gepflegte Tradition verbindet die Seehafenstadt Hamburg mit einem ihrer interessantesten Handelszweige, der Kaffee-Einfuhr.

Weltweit sind die Verbindungen Hamburger Handelshäuser. Produzenten und Ablader in allen drei mit dem Kaffee-Anbau beschäftigten Erdteilen — Lateinamerika, Afrika und Asien — zählen ebenso zu ihren Geschäftsfreunden wie die Käufer und Abnehmer in allen europäischen Ländern und im nahen Orient.

Die Firma Bernhard Rothfos hat sich die Aufgabe gestellt, vielerlei Wissenswertes über den Kaffee zusammenzutragen. Sie legt mit dem KAFFEE-HANDBUCH eine Arbeit vor, die vornehmlich dem Nachwuchs aller am Kaffeehandel Beteiligten Aufschluß über jene botanische Kostbarkeit Coffea geben soll, die seit dem Ausgang des Mittelalters in zunehmendem Maße die Welt fasziniert. Der erfahrene Kenner seines Fachs soll aber ebenfalls eine Antwort finden, wenn er sich unterrichten will. Jedem anderen Leser aber möge das Handbuch zeigen, wie vielfältig verzahnt die weltwirtschaftlichen Interessen sind, die Hamburg und seinen Kaffeehandel mit dem Weltmarkt, vielleicht darf man sogar sagen mit der Weltmacht Kaffee verbinden.

Zu besonderem Dank verpflichtet fühle ich mich allen denjenigen, die aus ihrem profunden Wissen dazu beigetragen und es ermöglicht haben, diese Aufzeichnungen herauszugeben.

CAFÉ NÃO É OBJETO DE LUXO

Para um brasileiro de visita à Alemanha o fato mais curioso e estranho é o destaque dado ao café que é mostrado nas vitrines das casas comerciais como se fôra uma joia.
Se, por um lado, isto nos orgulha e envaidece pelo aprêço que revela ao nosso produto, também nos preocupa pela conclusão de que o seu preço deve ser muito elevado para merecer tal tratamento.
Dessa forma, ficamos com a impressão de não ser o nosso produto tão acessível às classes menos favorecidas como desejamos. O Instituto Brasileiro do Café está empenhado em promover ampla popularização da bebida. O hábito saudável de tomar café é uma característica dos povos civilizados. Êle significa um instrumento de recuperação física e mental, verdadeiro recondicionador das energias. É, por isso, mais um fator de progresso e de bem estar.
Conforta-nos saber que os governos dos países adiantados estimulam o uso do café e procuram levar os seus benefícios a todas as camadas da população.
Estamos convencidos de que chegaremos a bons resultados no sentido de estimular o intercâmbio com ajustes fiscais que possibilitem redução dos preços e maior consumo do café.
Este procedimento só poderá resultar em vantagens recíprocas.
O "Almanaque do Café" vai prestar, nêsse setor, estamos certos, magnífico servico.

(Renato da Costa Lima)

KAFFEE IST KEIN LUXUS-GETRÄNK!

Für einen Brasilianer, der nach Deutschland kommt, ist es ein höchst merkwürdiger und befremdender Eindruck zu sehen, wie der Kaffee in den Auslagen der Geschäfte ausgestellt wird, nämlich, als handele es sich um eine ganz besondere Kostbarkeit.

Einerseits erfüllt es uns mit Stolz und Freude, daß man das Erzeugnis unseres Landes so hoch einschätzt, andererseits jedoch auch mit Besorgnis darüber, daß der Preis dieses Artikels sehr hoch sein muß, wenn solch eine besondere Behandlung gerechtfertigt erscheinen soll. Es muß sich uns daher der Eindruck aufdrängen, daß unser Erzeugnis wohl nicht allen Bevölkerungsschichten in Deutschland in dem Maße zugänglich ist, wie wir es wünschten. Das INSTITUTO BRASILEIRO DO CAFÉ ist ständig bemüht, die Popularität dieses Getränkes zu heben. Die gesunde Gewohnheit, Kaffee zu trinken, ist heute geradezu zu einem Charakteristikum der zivilisierten Völker geworden. Der Genuß von Kaffee bewirkt eine Belebung aller geistigen und körperlichen Kräfte — Kaffee ist ein wirklicher Erneuerer unserer Schaffenskraft! Wir denken dabei an Kaffee, wenn wir von Fortschritt und Wohlbefinden sprechen.

Es ist für uns eine Genugtuung zu wissen, daß auch die Regierungen der fortschrittlichen Länder den Kaffeegenuß befürworten und fördern und sich dafür einsetzen, daß dieses angenehme Getränk allen Bevölkerungsschichten zugänglich gemacht wird.

Wir sind überzeugt, daß unsere Bemühungen um eine Anregung des Warenaustausches im Rahmen von Handelsverträgen zum Erfolg führen werden und daß sich dadurch eine Preisherabsetzung wie auch eine entsprechende Steigerung des Kaffeeverbrauchs ermöglichen läßt. Jeder Fortschritt in dieser Richtung könnte sich nur zu beiderseitigem Nutzen auswirken.

Wir sind sicher, daß das vorliegende Kaffee-Handbuch vorzüglich geeignet ist, unser gemeinsames Anliegen zu fördern.

Renato da Costa Lima
Präsident des Instituto
Brasileiro do Café

Estimados amigos en Alemania:

El interés — cada vez mayor — del consumidor alemán por los cafés de alta calidad, lo que se encuentra comprobado por el aumento de la cuota autorizada para importar estos cafés a esta Gran Nación, ha sido recibido con gran satisfacción y regocijo en los 14 países que integran nuestra Federación, por ser precisamente estas naciones productoras de cafés muy finos.
En consecuencia, en mi capacidad de Presidente de la FEDERACION CAFETALERA DE AMERICA (conocida bajo la sigla FEDECAME), deseo al "Manual del Café", publicado por la importante firma importadora-exportadora BERNHARD ROTHFOS, gran resonancia y estoy seguro que será de gran utilidad y vendrá a constituir un magnífico vínculo de unión entre — las personas y entidades que se dedican a las distintas actividades cafetaleras.

Dr. J. Adalberto Bolaños
Presidente de FEDECAME

Verehrte Freunde in Deutschland!

Das stets wachsende Interesse des deutschen Verbrauchers an qualitativ hochwertigen Kaffees — dokumentiert durch die Erhöhung der Importquote für diese Kaffees in diese große Nation — ist mit großer Befriedigung und Freude in den 14 Ländern, aus denen sich unsere Vereinigung zusammensetzt, aufgenommen worden, denn gerade diese Länder sind die Erzeuger sehr guter Kaffees.
Deshalb möchte ich in meiner Eigenschaft als Präsident der FEDERACION CAFETALERA DE AMERICA (bekannt unter der Abkürzung FEDECAME) dem „Kaffee-Handbuch“, das durch die große Im- und Exportfirma BERNHARD ROTHFOS herausgegeben wird, eine gute Aufnahme wünschen, und ich bin sicher, daß dieses Buch von großem Nutzen sein und ein ausgezeichnetes Bindeglied zwischen den einzelnen Personen und Vereinigungen darstellen wird, die sich den verschiedenen mit dem Kaffee zusammenhängenden Aufgaben widmen.

Dr. J. Adalberto Bolaños
Präsident der FEDECAME

To our roaster friends in Germany:

As President of the PAN-AMERICAN COFFEE BUREAU of New York and United States Representative of the Brazilian Coffee Institute, I am glad that this „Handbuch für Kaffee“ is published in your country, and I express my best wishes for its success.
For Brazil and many generations of its people, life has been strongly connected with Coffee, and we are always pleased to know that we have many friends in Europe who are equally interested in this product.
This handbook will certainly contribute to a better knowledge and understanding of Coffee, and every one of us, whether he is a producer, a trader or a consumer of Coffee, should welcome it with the warmest of feelings.
New York, 1959

João Roberto Suplicy Hafers

An unsere deutschen Rösterfreunde:

Als Präsident des PAN-AMERICAN COFFEE BUREAU in New York und als Vertreter des BRASILIANISCHEN KAFFEE-INSTITUTS in den Vereinigten Staaten möchte ich meiner Freude darüber Ausdruck verleihen, daß das „Kaffee-Handbuch" bei Ihnen erscheint. Meine besten Wünsche begleiten es.
Für Brasilien und viele seiner Einwohner ist das Leben seit Generationen eng mit dem Kaffee verbunden. Wir sind daher immer sehr erfreut zu wissen, daß wir viele Freunde in Europa haben, die ebenfalls an diesem Produkt interessiert sind.
Dieses Handbuch wird sicherlich zu einer besseren Kenntnis des Kaffees beitragen, und jeder von uns, ob Erzeuger, Händler oder Verbraucher, wird sein Erscheinen sehr begrüßen.

João Roberto Suplicy Hafers
Präsident des Pan-American
Coffee Bureau

Inhaltsverzeichnis

Vorwort 5
Kleine Kaffeegeschichte 15

Die Pflanze Coffea und ihre Frucht

Der „Arabica“ 21
„Arabica“-Varietäten 22
Der „Robusta“ 24
Blütezeiten 26
Schädlinge 27
Erntezeiten 28
Ernte und Frucht 31
Bohnenformen 32
„Weiche“ Kaffees 33
„Harte“ Kaffees 34
Die trockene Aufbereitung 36
Die nasse Aufbereitung 40
„Beneficio“ 41
„Schnittröster“ 42
„Säureträger“ 44
„Rohtriage“ 46
„Fehlbohnen“ 47
Die Pflanze und ihre Frucht in Zahlen 48
Kaffee und seine physiologische Wirkung 51

Produktion und Export

Lagekarten der Anbaugebiete 61
Bestände der Hauptanbauländer an tragenden Bäumen 66
Der Umfang der Welternten und die Brasil-Produktion 67

Entwicklung der jährlichen Rohkaffee-Erzeugung ohne die brasilianische Produktion 68
Entwicklung der Rohkaffee-Erzeugung seit Kriegsende 69
Die prozentualen Anteile der Länder-Großgruppen 70
Durchschnittszahlen der jährlich für die Ausfuhren über See verfügbaren Mengen 71
Schätzungen der für den Export verfügbaren Erntemengen 72
Ausfuhren der Hauptanbauländer 74
Prozentualer Anteil der Länder-Großgruppen an den Gesamtausfuhren aller führenden Kaffeestaaten 76
Anteilige Erzeugung und Ausfuhr der Coffea-Großgruppen in Afrika 77
Prozentualer Anteil der Brasil-Kaffees an den Weltausfuhren und deutschen Importen 77
Die 28 Anbauländer 78
Höhenlagen bekannter Pflanzungen 102
Die Standardtypen der FEDECAME 106
Sackgewichte 107
Tara 108

Der Weltmarkt

Schätzungen der für den Export verfügbaren jährlichen Gesamternten der Welt 111
Entwicklung der Rohkaffeepreise 112
Entwicklung der Welt-Kaffeepreise am New Yorker Effektivmarkt 1959 114
Internationales Kaffee-Abkommen 115
Fremde Termini 117
Abkürzungen der internationalen Kaffeewirtschaft 123
Englische Gewichte 126
Zentralamerikanische Gewichte 126

Import und Importhandel

Der Importhandel 129
Rohkaffee-Ankünfte im ehemaligen Reichsgebiet 135
Prozentualer Anteil der Länder-Großgruppen an den Ankünften im ehemaligen Reichsgebiet 136
Rohkaffee-Einfuhren und Verzollungen in der Bundesrepublik 138
Prozentualer Anteil der Länder-Großgruppen an den Einfuhren der Bundesrepublik und Westberlins 140
Rohkaffee-Einfuhren der Hauptverbraucherländer 141
Die Haupteinfuhren an Nahrungs- und Genußmitteln 1958 142
Verbrauchssteueraufkommen 142

Verarbeitung und Verbrauch

Pro-Kopf-Verbrauch an Rohkaffee im ehemaligen Reichsgebiet und in der Bundesrepublik 145
Pro-Kopf-Verbrauch in den Haupteinfuhrländern 145
Der Röstvorgang und seine modernen Verfahren 146
Einzelrösten oder Mischrösten 156
Kostentabelle für Röster 162
Kaffee in der Standardpackung 163
Der Kaffeeröster im Paragraphenwald 166
Der Kaffee-Extrakt und seine Zukunft 180
Quellen- und Bildnachweis 185

Kleine Kaffeegeschichte

1450 — Mohammedanische Pilger aus Abessinien bringen Kaffeesamen nach Mekka, aus denen die Kulturen Arabiens entstehen.
1520 — Mit der Eroberung des Jemen durch die Türken gelangt der Kaffee nach Konstantinopel.
1534 — Dawud al Antaki berichtet im „Tedkirat", einem berühmten pharmakologischen Werk, von der großen Heilwirkung des „kaohwe".
1583 — Leonhard Rauwolf, Medicus zu Augsburg, lernt in Aleppo den Trank „chaube" kennen, „wie Dinten gar so schwartz".
1637 — Adam Olearius, Rath zu Schleswig-Gottorp, schreibt im Reisetagebuch aus Persien, daß der arabische Kaffee allenthalben in den Morgenlanden getrunken werde.
1645 — Der Nürnberger Wurffbain verzeichnet in „ostindianischen Kriegs- und Kaufmannsdiensten", wie der Kaffeegenuß durch die Mekkapilger aus Java in Indonesien Eingang findet.
1651 — Da sich der „koffeyi" aus Arabien unter den wohlhabenden Niederländern steigender Beliebtheit erfreut, lassen die Holländer Stecklinge aus Mocha nach Java bringen, wo die Großkulturen Ostindiens entstehen.
1660 — Cornelius Dekker, alias „Bontekoe", Physikus im Dienst der „Holländisch Ostindischen Kompanie", vermag den Verbrauch von Java-Kaffee unter seinen Landsleuten so zu propagieren, daß er nach und nach zu einem echten Volksgetränk wird.
1679 — Mit der Bestallung des Docteur Bontekoe als Leibarzt des Großen Kurfürsten nehmen die Apotheken überall in Deutschland den Kaffee in ihre Taxen auf.
1710 — Nach der Errichtung von öffentlichen Kaffeehäusern tritt der Kaffee aus dem Rezepturbereich der Apotheker nunmehr seinen Weg in die Küchen der Alten Welt an.
1714 — Mijnheer Pancras, Direktor der Botanischen Gärten von Amsterdam, verehrt Ludwig XIV. als „besondere Merkwürdigkeit" zwei lebende Kaffeestauden aus Java, von denen die französischen Botaniker Jungpflanzen züchten, die dann auf die karibischen Inseln Martinique und Guadeloupe gebracht werden.

1724 — Aus den Stecklingen von Java sind auf den Inseln „unter dem Winde" großangelegte Pflanzungen geworden, die mit ihren Ernten Dreiviertel des europäischen Bedarfs decken und die Araber und Holländer aus den Märkten drängen.
1732 — Die durch Jahrhunderte geübte Art des Kaffeebrennens in Steinöfen oder venezianischen Glasflaschen wird durch die Erfindung der rotierenden eisernen Rösttrommel abgelöst, die Johann Heinrich Zedler aus Leipzig zuerst beschreibt: „Sie wird Paucke genennet, mit einer Leyer und einem Thürlein auff der Seiten."
1734 — Von Martinique kommend, hält die Kaffeepflanze Einzug in Nordbrasilien, von wo sie dann die atlantischen Zonen zum Süden erobert, die heute mächtigsten Anbaugebiete der Erde.
1753 — Carl von Linné, der den Ursprung des Kaffeestrauchs in Arabien vermutet, nimmt sie unter dem Gattungsnamen „Coffea arabica" in sein Werk „Species plantarum" auf.
1767 — Mit der „Café-Declaration" versucht Friedrich der Große die Einfuhren aus Holland zu unterbinden, doch nimmt der Schmuggel derart zu, daß das Verbot später durch das staatliche Vertriebsmonopol ersetzt wird.
1773 — Durch den „Teesturm von Boston", der mit zum Unabhängigkeitskrieg der 13 Neuengland-Staaten führt, erwächst dem Kaffee seine größte Starthilfe, denn mit dem Sieg Amerikas wendet sich das Volk ganz vom Tee ab und wird eine Nation von Kaffeetrinkern.
1780 — Im letzten Drittel des 18. Jahrhunderts existieren allenthalben im mittelamerikanischen Raum Kaffee-Plantagen; auch in Mexiko ist im Staat Soconusco mit dem Anbau begonnen worden.
1796 — Der brasilianische Staat São Paulo, der in unserer Zeit alljährlich mehr als 8 Millionen Sack Santos produziert, wird erstmalig mit einer Erntemenge von 16 300 Sack erwähnt.
1869 — Die um 1705 von den Briten auf Ceylon angelegten, einst blühenden Kaffee-Kulturen werden vom Rostpilz „Hemileia vastatrix" so restlos vernichtet, daß die Inselpflanzer nie wieder den Versuch einer Neuanpflanzung unternehmen.
1876 — In der Nähe des nordbrasilianischen Landstädtchens Maragojipe wird eine durch Mutation entstandene besonders großbohnige

und breite Unterart der Arabicas entdeckt, die später auch in Mittelamerika und Ostafrika angepflanzt wird, die „Maragogypen".

1898 — Der Belgier Emile Laurent findet im großen Kongobogen eine bis dahin unbekannte Nebengruppe der Gattung Coffea — den „Robusta" —, dessen Ernten heute in vielen Teilen der Tropen die Erträge des Arabicas weit überflügelt haben.

1902 — Mit den Anfängen einer großangelegten Kaffeewirtschaft in Kenya, Uganda und Tanganjika kehrt der Arabica nach einem halben Jahrtausend in jenen Raum zurück, der seiner Urheimat Abessinien benachbart ist. Damit schließt sich der Kreis seines langen Wanderwegs, der vom Ostufer des Roten Meeres rings um den Erdball führte.

1918 — Der verheerendste Frost in der Geschichte der Kaffeewirtschaft vernichtet 1918 im Staat São Paulo unter einem Bestand von 904 Millionen Sträuchern 151 Millionen (= 16.7 %) völlig und beschädigt weitere 361 Millionen (= 40 %) schwer. Die sich dadurch ergebende Ernteminderung wird damals auf 4.6 Millionen Sack geschätzt.

1931 — Der durch die Weltwirtschaftskrise verursachte Zusammenbruch des brasilianischen Kaffeeverteidigungs-Instituts leitet ein Jahrzehnt scharf gedrückter Preise ein. Die gewaltigen Überhänge unverkäuflicher Stocks können nur durch die Vernichtung von etwa 80 Millionen Sack beseitigt werden, bis dann 1937 das Gleichgewicht zwischen Angebot und Nachfrage ungefähr wieder hergestellt ist.

1940 — Mit Ausbruch des zweiten Weltkrieges und dem Ausscheiden Europas als Käufermarkt erreicht der Kaffeepreis den niedrigsten Stand in der Geschichte: 7.2 Dollarcents per lb. ex dock New York für Santos 4 strictly soft.

1948 — Die ersten Nachkriegseinfuhren an Kaffee werden zwischen der alliierten JEIA (Joint Export Import Agency) und dem eigens dafür gegründeten „Kaffee-Einfuhr-Kontor" in Hamburg abgewickelt. Die gelieferten Kaffees werden als „Rio 7/8", „Victoria 7" und „Westafrikaner" bezeichnet.

1949 — Die größte Kaffeesendung, die je von einem einzigen Dampfer transportiert wurde, trifft im Oktober in Hamburg ein: die ss. „Mormacwren" bringt 103 000 Sack Brasils.

1950 — Mit dem Ausbruch des Korea-Krieges läuft auf den Kaffeemärkten der Welt eine wahre Kauforgie an, Exporteure und Importhandel treiben gegenseitig die Preise hoch: innerhalb der nächsten drei Jahre klettert der ex dock New York-Preis für den Santos 4 von 31.8 auf 58.1 Dollarcents per lb.
1951 — Kaffee-Einfuhren sind nach wie vor nur auf Grund von Ausschreibungen möglich. Für die Devisenzuteilungen sind verschiedene Verfahren entwickelt worden: „Reihenfolge-"(„Windhund-")„verfahren", „Fachstellenverfahren" usw. Bei einer Ausschreibung im November erhalten die Antragsteller 0,04028 % der gewünschten Devisenbeträge.
1953 — Die Einfuhrbeschränkungen sind schon erheblich gelockert: Zu einem neuen Einfuhrverfahren („Bundesstellenverfahren"), zur Liberalisierung der Importe aus dem OEEC-Raum, zur Veröffentlichung einer Brasil-Ausschreibung ohne Wertgrenze treten nunmehr laufende Ausschreibungen für gewaschene Kaffees. Allerdings ist die sog. „Brasilbindung" zu beachten (Bezugsverhältnis Brasil : Columbia : „Zentralamerikaner" 100 : 40 : 30).
1954 — Durch die maßlos übertriebenen Nachrichten von großen Frostschäden in Paraná schnellt der Santos 4-Kurs in New York auf 79.8 Dollarcents ex dock, es ist der absolute Höhenrekord aller Zeiten. Im August kommt der große Kollaps, Präsident Getulio Vargas begeht Selbstmord, und die Preise sinken auf einen Schlag um 20 Dollarcents ab. Es ist die wohl markanteste Wendemarke im Ablauf der Kaffeewirtschaft, die eine Ära einleitet, deren Ausgang und Ende niemand vorauszusagen vermag.
1954 — Erneute Einfuhrerleichterungen finden weniger Aufmerksamkeit als die Preisentwicklung: Auf eine Hausse, in deren Verlauf der Preisindex für Santos NY 4 loco New York (1938 = 100) auf 1240,2 steigt, folgt im August ein schwerer Rückschlag; in 14 Tagen sinken die Kaffeepreise um 20 % ab.
1957 — Alle Einfuhrbeschränkungen sind endgültig aufgehoben.
1959 — Ständig steigende Produktionsziffern haben eine schwächere Markttendenz ausgelöst. Ein internationales Kaffee-Abkommen (vgl. S. 115) soll unerwünschte Folgen der Überproduktion verhindern.

DIE PFLANZE COFFEA UND IHRE FRUCHT

Der „Arabica"

Hauptgruppe der Pflanzengattung „Coffea", die in fast allen Teilen der tropischen Welt und im subtropischen Brasilien heimisch wurde und heute fast 80 Prozent der Ernten unserer Erde liefert.
Wildwachsend kann der Baum des „C. arabica" eine Höhe von 12 Metern erreichen und bei vollem Ernteertrag bis zu 50 Jahre alt werden. Durch ständiges Zurückschneiden und Kappen der Baumkronen und des Zweigwerks wird er auf den Pflanzungen auf eine für die Pflücker leicht erreichbare Höhe von etwa 3 Metern gebracht und damit zum Strauch. Je nach den Bedürfnissen der Anbauländer haben sich verschiedene Trimmarten herausgebildet: Kugelsträucher, Lyratypen, Kegelschnitte, Hänger und „Etagenformen".
Diesseits des Äquators werden die Anbauzonen fast genau vom 23. Breitengrad bestimmt, auf der südlichen Halbkugel laufen sie bei etwa 25 Grad aus. Die Anbauhöhen liegen in den Tropen zwischen 800 und 2000 Metern, in den subtropischen Gebieten Brasiliens zwischen 400 bis 850 m ü. M. Als mittlere Wärmegrade braucht der Arabica Temperaturen von 18 bis 22 Grad; Wärmegrade, die für längere Dauer unter 11 Grad absinken, werden ihm schon gefährlich; bei Erreichen des Nullpunkts treten Erfrierungserscheinungen auf, von denen sich der Strauch oft nicht wieder erholen kann.
Neben Höhenlage und Temperatur ist die Bodenbeschaffenheit von ausschlaggebender Bedeutung für den Ertragsreichtum, ebensosehr die Niederschlagsmenge. Die besten Standorte sind die tiefgründigen Lateritlehme seismischer Zonen, die die Pflanze mit ihrer ungewöhnlich langen Pfahlwurzel haben muß. In Mittelamerika liegen die Regenhöhen im Jahr zwischen 500 und 3000 Millimetern, in Südamerika zwischen 1000 und 1800, in Afrika registriert man zwischen 800 und 2000 Millimetern, Indien erreicht die für uns unvorstellbare Höhe von 4000 Millimetern. Zu wenig Feuchtigkeit schadet dem Kaffee weniger als langanhaltende Regengüsse tropischer Art, vor allem während der Blütezeiten, da der Kaffee ein Windbestäuber ist und sich mit nassen Pollen für die Befruchtung nicht verbreiten kann.

„Arabica"-Varietäten

Die zur Gruppe der „C. arabica" gehörende Varietät *Bourbon* ist besonders in Brasilien von Handelsbedeutung, von Zentral-Amerika und Mexiko wird sie in nur geringem Umfang angeboten. Der Bourbon entwickelte sich ursprünglich als reine Standort-Varietät auf der zur Maskarenengruppe gehörenden Insel Réunion (früher Bourbon) im Indischen Ozean. In Brasilien entstand er dann durch Hybridisierung, und zwar durch das Aufpfropfen echter Zuchtreiser aus Réunion auf die Grundstämme eines im Staat São Paulo heimischen Arabicas der Nebenvarietät „Murtha". Die daraus hervorgegangene

Anlage eines Saatbeets

Das Samenmaterial besteht aus frischgepulptem, nicht aufbereitetem Hornschalenkaffee. Es wird gewöhnlich von den Forschungsstationen der Anbauländer geliefert, die neben qualifizierten Tropenbotanikern auch Fachleute für Bodenkunde und Klimaforschung beschäftigen, welche auf die besonderen Verhältnisse der von ihnen betreuten Pflanzungsgebiete besonders spezialisiert sind.

Die Beete sind aus Komposterde angelegt, ihre Beschickung mit Samen erfolgt in relativ kurzen Abständen. Den mit der flachen Seite nach unten gelegten Bohnen wird durch die dünne Erddecke regelmäßig Feuchtigkeit zugeführt. Bei Wasser und Wärme beginnt die Keimung mit der Bildung der Primärwurzel, der dann rasch die Entwicklung des nach oben sprießenden Stengelchens mit den ersten Keimblättern folgt, die in ihrem Gewebe schon Chlorophyll enthalten und unter dem Einfluß des durch Schattendächer gefilterten Sonnenlichts bald ergrünen. Nach wenigen Monaten ist dann aus den zuerst fingerlangen Stengelchen ein regelrecht ausgebildetes Jungpflänzchen geworden, mit einer Pfahlwurzel, einem Kranz von Querwurzeln sowie einer Zweig- und Blattbildung „en miniature".

Handelssorte der „Santos-Bourbons“ gilt als eine der besten Kaffees des Landes. Seine Bohne ist gedrungen und hat einen rundlich-gebuckelten Rücken. Gegenüber den gewöhnlichen Brasil-Arabicas („Café nacional“) zeigt der Bourbon im Ausfall des Rohguts, seinem Brand und der Tassenqualität keine merklichen Unterschiede, und auch seine Absiebung erfolgt nach der landesüblichen Klassifizierung. Die *Maragogypen* entstanden durch eine sogenannte „spontane“ Mutation, d. h. eine plötzliche Änderung des Erbguts, und zählen damit zu den „echten“ Varietäten des Arabicas, die, einmal vorhanden, keine Rückentwicklung mehr durchmachen. Die Maragogypen sind sehr breite und besonders großbohnige Arabicas, die zuerst in der Umgebung des nordbrasilianischen Städtchens Maragojipe gefunden wurden. Später nach Kolumbien, Zentral-Amerika, Mexiko und Belgisch-Kongo verbracht, entwickelten die dort angepflanzten Maragogypen die für die Arabicas jener Länder typischen Geschmacks- und Rösteigenschaften. Die Bäume dieser Varietät sind viel weniger ertragreich als die der gewöhnlichen Flachbohnen-Sträucher, und so wird in manchen Anbaugebieten ihre Kultur vernachlässigt. Da sie durchweg in niederen Höhenlagen — etwa zwischen 600 bis 1000 m ü. M. — wachsen, werden sie früher geerntet als die Hochgewächse ihrer Erzeugungszonen und kommen deshalb weit vor deren Haupternten auf die Märkte.

Der „Robusta“

Im Gegensatz zum Herrscher über die Kaffeemärkte, dem seit Jahrhunderten überall kultivierten Arabica, ist der Robusta ein Neuankömmling. Erst vor etwa 60 Jahren wurde er als Wildpflanze im großen Kongobogen entdeckt, zeigte sich dann aber als besonders raschwüchsig, ertragreich und resistent gegen Krankheiten und Schädlingsbefall, so daß sich hauptsächlich jene Kaffeeländer seiner annahmen, in denen der Arabica weniger gut gedieh, besonders die Regionen der feuchtheißen Niederungen und Stromtäler im westlichen

Afrika, in Uganda, Indien und Indonesien. Ursprünglich wurde der Strauch in der Tropenbotanik als „Canephora" und „Congenis" eingeordnet; er kreuzte sich dann jedoch im Laufe der Zeit mit verwandten Standort-Varietäten, den „Quillous", „Bukobas" und „Libericas", bis er mit diesen zu einer neuen Kreuzzucht-Einheit verschmolz, die heute unter dem Namen „Robusta" zum Nr. 2-Kaffee der Weltmärkte aufstieg, unbeschadet der ursprünglichen Herkunft und des heutigen Anbaugebietes.

Der Robusta ist ein typisches Niedergewächs, sein Koffeingehalt ist höher als der der Arabicas, er läßt sich billiger produzieren und aufbereiten, selbst die gewaschenen Sorten kommen preisgünstiger auf den Markt als ein trocken aufbereiteter Santos der ersten Klassen. Was ihm fehlt, ist das gewisse „Etwas" der Arabica-Hochgewächse, jenes sinnlich empfundene „Aroma-Schmecken", das bei den Edelsorten des Vetters aus Zentralamerika über die Nase bereits Vorstellungen kommender Freuden zu erwecken vermag. Aber nicht nur darum kommt er bei unseren Röstern nicht „an", sie mögen auch die kleinbohnige, runde Form seiner Gruppe nicht, die in einer Mischung nichts „hergibt", denn auch die deutsche Hausfrau kauft „nach Gesicht" und behauptet, der Robusta schmecke pfeffrig und etwas „schräg", kurzum: Er hat bei uns weniger Chancen, etwas zu werden, als in den USA, wo vor allem die Hersteller löslicher Kaffees die großen Ernten an Robustas schlank aufnehmen, oder bei unsern westlichen Nachbarn, wo man das Getränk schätzt, das als zu scharf und bitter bei uns als „Wartesaal-Kaffee" keine Freunde findet.

Im Anfang war der Wein, und er ergoß sich über die Welt und brachte ihr Erregung, Betäubung, Versinken und Vergessen durch Urzeiten hin bis an die Pforte des gotischen Mittelalters — da brandete ihm der Kaffee glühend und tobend und klärend entgegen. Über Grenzen und Länder hinweg schwoll die braune Flut, und die Welt war bereit, darin unterzutauchen und sich ihr anheimzugeben — und sie ist so bis heute geblieben.

Aus Sybille Schall, *Die Kunst, Kaffee zu trinken*

Blütezeiten

Im Gebiet der eigentlichen Tropen ist die aus der befruchteten Blüte hervorgehende Kaffeekirsche der Arabicas nach etwa 8 Monaten voll ausgereift, in den Regionen der Subtropen nach etwa 9 Monaten. Bei den Robustas, deren Anbau sich ganz auf die Tropengürtel beschränkt, reift die Frucht nach 10 bis 11 Monaten. Die auf der Tabelle verzeichneten Blütezeiten nehmen rückrechnend Bezug auf die *Haupternten* der Erzeugungsgebiete.

Abessinien	Februar bis Juni
Angola	März bis Juli
Brasilien: Paraná, São Paulo	August bis Oktober
Minas, Rio Victoria	Juli bis September
Belgisch-Kongo u. Ruanda-Urundi	Februar bis Mai
Costa Rica	Februar bis Juni
Dominikanische Republik	Februar bis Mai
Ekuador	Januar bis Mai
Guatemala	Dezember bis Juni
Haiti	Februar bis Mai
Honduras	Januar bis September
Indische Union	Februar bis April
Indonesien	Oktober bis Januar
Jamaika	Mai bis Juli
Jemen	März bis Mai
Kenya	Februar bis Mai
Kolumbien: Bogota, Girardot, Honda, Libano	Februar bis Mai
Medellin und Manizales	Juni bis September
Kuba	Februar bis Mai
Mexiko	Januar bis Mai
Nikaragua	Januar bis April
Peru	Februar bis Juni
El Salvador	Februar bis Juni
Tanganjika	Februar bis April
Uganda	Januar bis April
Venezuela	Februar bis Mai

Schädlinge

Von den vielen Plagen pflanzlicher und tierischer Art, welche die Strauchbestände, die Frucht und das Rohgut befallen, sollen nur diejenigen genannt sein, die in den Wirtschaftsmeldungen erwähnt werden, sei es, daß sie die Erntemengen oder die Güte der Erträge mindern.

„Antestia“, die aus Ostafrika stammende *„Kaffeewanze“*, befällt heute die Kulturen in aller Welt. Das auffällig buntgemusterte Insekt verursacht Fraßschäden an den Früchten, Knospen und Trieben und zerstört deren Zellgewebe. Der Schädling wird durch flüssige Insektizide bekämpft, deren Wirkung nachhaltig ist, solange es nicht zu einem Massenbefall kommt.

„Bicho mineiro“, das Wurzelälchen („Heterodera“), ein winziges Lebewesen, entwickelt sich in den Kapillargefäßen der Wurzelspitzen. Krebsartige Wucherungen unterbinden den Kreislauf der Säfte und führen zum Abfall des Blattwerks und der Blüten, an dem Jungstämme massenweise zugrunde gehen. Bei schwerem Befall kann nur ein radikaler Kulturwechsel zur Eindämmung führen.

„Stephanodores“, der „Boeboek“ oder *„Kaffeebohrer“*, gilt als die schlimmste Plage des Tropenpflanzers. Das Insekt bohrt die reifenden Früchte an und legt in deren Innerem die Eier ab. Die ausschlüpfenden Larven zerstören die Bohnen mitsamt der Hornschale oft völlig, bohren sie an oder durchlöchern die Kerne. Bei der oft riesenhaften Größe der brasilianischen Anbaugebiete gestaltet sich die Bekämpfung recht schwierig. Es kommt vor, daß in manchen Jahren ein Fünftel der Bestände gefährdet ist.

„Hemileia vastatrix“, die Blattflecken-Krankheit, wird durch Pilzsporen verursacht. Eine Infektion zeigt sich durch die Bildung gelber Flecken auf den Blättern an, die sich rasch vergrößern und endlich einen gelbroten Belag ansetzen, die Sporenkolonien. Diese gehen dann in zusammenhängende Flächen über, das Blattgrün löst sich auf, der Brand setzt ein, der Blätter und Blüten zerstört und die Pflanze sterben läßt. Die einst blühenden Kulturen auf Ceylon wurden Mitte des 19. Jahrhunderts durch die „Hemileia“ vernichtet.

Erntezeiten

V = Vorernte, *Z* = Zwischenernte, *H* = Haupternte, *N* = Nachernte

	Jan.	Febr.	März	April	Mai	Juni	Juli	Aug.	Sept.	Okt.	Nov.	Dez.
Abessinien	H	H	H	H	N	N	N	—	—	—	V	V
Angola	—	—	—	—	—	H	H	H	H	—	—	—
Belgisch-Kongo	—	—	—	—	—	H	H	H	H	—	—	—
Brasilien:												
São Paulo, Paraná	—	—	—	—	—	H	H	H	H	—	—	—
Minas, Rio, Victoria	—	—	—	—	—	H	H	H	H	—	—	—
Bahia, Pernambuco	—	—	—	—	H	H	H	H	—	—	—	—

Baumschule in Mittel-Amerika

In den riesenweiten Anbaugebieten Südamerikas wird die Aufzucht neuen Pflanzmaterials zumeist durch eine „direkte" Aussaat auf den zukünftigen Standorten selbst vorgenommen. Dabei werden auf den sorgfältig gereinigten Böden in bestimmten Abständen Pflanzlöcher angelegt, mäßig tiefe, genau ausgerichtete Mulden, die jeweils mehrere Samenkerne aufnehmen. Diese werden locker mit Erde und feuchtem Grashäcksel bedeckt und zusätzlich mit weitmaschigem Strohgeflecht gegen eine zu intensive Sonnenbestrahlung geschützt. Die heranwachsenden Jungpflänzchen sichert man mit Zweigschirmen, bis sie etwa fußhoch geworden sind. Danach vermögen sie meist schon für sich selbst zu sorgen, sie sind früh auf sich allein gestellt.

Auf den Hochkulturen Zentral-Amerikas kommen die Stecklinge aus den Samenbeeten zunächst in Baumschulen, wo sie in langen, dichtbesetzten Reihenverbänden unter Schattendächern verbleiben, bis man sie als Jungstämmchen auf die Plantagen bringt. Während ihres Verbleibs in der Baumschule läßt man ihnen die sorgfältigste Pflege angedeihen, wozu vor allem das regelmäßige Übersprühen mit Kontaktschutzmitteln gegen Insektenbefall und pflanzliche Parasiten gehört.

	Jan.	Febr.	März	April	Mai	Juni	Juli	Aug.	Sept.	Okt.	Nov.	Dez.
Costa Rica:												
„Meseta Central“	H	—	—	—	—	—	—	—	—	H	H	H
Atlantische Zone	—	—	—	—	—	—	—	H	H	H	H	H
Dominikanische Republik .	H	H	—	—	—	—	—	—	—	—	H	H
Ekuador	—	—	—	—	—	—	—	H	H	H	H	H
Guatemala	H	H	H	—	—	—	—	—	—	H	H	H
Haiti	H	—	—	—	—	—	—	—	—	—	H	H
Hawaii	H	H	—	—	—	—	—	—	—	—	H	H
Honduras	H	H	N	N	—	—	—	—	—	V	H	H
Indische Union	—	—	—	—	—	—	V	V	V	H	H	H
Indonesien	—	—	—	—	V	V	V	H	H	N	N	N
Jamaika	H	H	—	—	—	—	—	—	—	—	—	H
Jemen	H	H	H	H	—	—	—	—	—	—	—	—
Kenya	H	N	—	—	—	—	—	V	V	V	H	H
Kolumbien:												
Bogota, Giradot und Neiva	H			Z	Z	Z	Z	—	—	—	H	H
Honda, Libano	H	—	Z	Z	Z	Z	—	—	—	—	H	H
Medellin, Manizales	Z	—	H	H	H	—	—	—	—	Z	Z	Z
Armenia, Cucuta	—	Z	Z	H	H	H	—	—	—	—	—	—
Kuba	H	—	—	—	—	—	—	—	—	—	H	H
Mexiko:												
Vera Cruz	H	N	N	—	—	—	—	—	—	V	V	H
Oaxaca	H	H	—	—	—	—	—	—	—	—	V	V
Chiapas	N	N	—	—	—	—	—	—	—	V	V	H
Nikaragua	H	H	H	—	—	—	—	—	V	V	H	H
Peru	—	—	—	—	—	—	—	—	H	H	H	H
El Salvador	H	H	H	—	—	—	—	—	—	V	H	H
Tanganjika	H	N	—	—	—	—	—	—	V	V	V	H
Uganda	—	—	—	—	—	—	—	—	H	H	H	H
Venezuela	H	H	—	—	—	—	Z	Z	Z	—	H	H

Ernte und Frucht

Fast überall wird die Ernte der Kaffeekirschen von Hand vorgenommen. Entweder pflückt man sie einzeln oder streift sie in ihren Wirbelgruppen aus den Zweiggabelungen auf ausgebreitete Tücher. Nur in Gebieten mit akutem Arbeitermangel, vor allem in manchen Teilen Zentral-Amerikas, kennt man das sogenannte „Melken", bei dem der Kirschenbesatz mit einem Metallkamm grobschlächtig abgerupft wird und in einen darunter befestigten Holzkasten fällt. Diese Methode ist natürlich verderblich, denn nicht nur die Früchte werden beschädigt, sondern auch das Ast -und Blattwerk leidet schwer.

Die aus dem Fruchtknoten der Blüte hervorgehende Kaffeekirsche braucht bis zum Stadium ihrer Vollreife eine Wachstumszeit von 8 bis 9 Monaten. Sie ist zunächst grüngefärbt, spielt dann über Gelb ins Rötliche und ist schließlich zur Pflückzeit von einem satten Dunkelrot. Wenn man die zähe Haut der ausgereiften Kirsche auseinanderbricht, entquillt ihr eine schleimige Masse, die stark zuckerhaltige „Pulpa", in der die Samen eingebettet liegen. Sie sind von der holzigen *Hornschale* (der Pergamenthülse) umgeben, der darunter die Samenhaut folgt, das dünne, transparente *Silberhäutchen.* Je nach der geographischen Herkunft des Kaffees ist es grüngrau, gelb oder bläulich gefärbt. Ein Längsschnitt durch eine frischgeschälte, nicht aufbereitete Bohne zeigt an ihrem einen Ende deutlich den Keimling.

Wenn die Arabicas, wie es die Norm ist, *zwei* Samenkerne enthalten, so sind die *flach* ausgeprägten Schnittseiten einander zugekehrt. Die Längsfurche, in die die Pergamenthülse mitsamt dem Silberhäutchen hineinragt, ist die Nahtstelle der nach innen eingerollten Bohnenhälften. Dies ist auch bei den Robustas der Fall, die ihrer rundlichen Form wegen nicht als Flachbohnen anzusprechen sind.

Bohnenformen

Die gewöhnliche Grundform der aus *zweisamigen* Kaffeekirschen hervorgehenden Kerne ist die *Flachbohne* (engl. „flats", port. „chatos"). Der internationale Handel wendet die Bezeichnung nur auf *Arabicas* an, schließt deren Varietät der *Maragogypen* aber davon aus. Nach der botanischen Regel müßte man auch die gebuckelten Kerne der zweisamigen *Bourbons* dazu rechnen, was jedoch nicht handelsüblich ist, von der Rundform der *Robustas* ganz zu schweigen.
Die aus den verschiedenen Anbauzonen der Welt kommenden Arabica-Flachbohnen variieren in Länge und Durchmesser, unterscheiden sich in der äußeren Form jedoch nicht so wesentlich voneinander. Die Beschaffenheit der Oberfläche (Farbe, Glätte, rauhes oder stumpfes Aussehen sowie der Besatz an Silberhäutchen) ist bei der trockenen und nassen Aufbereitung verschieden. Die Breite und Tiefe sowie der Verlauf des Schnittes — gerade, gezackt, gekräuselt, eng oder weit — lassen Rückschlüsse auf die Höhenlage der Produktionsgebiete zu, ebenso eine gestreckte oder mehr muldenartig angelegte Form der Schnittseite.
Die ausgesprochen rundlichen oder walzenförmigen *Perlbohnen* sind die Kerne einsamiger Kirschen, die am gleichen Baum wachsen wie die zwei Samen enthaltenden Flachbohnen-Früchte. Die Perlbohnen stammen aus Blüten, die den äußersten Zweigenden der Sträucher aufsitzen, oft auch handelt es sich um bloße Degenerationserscheinungen bei überalterten oder unterernährten Bäumen. Jede Gruppe, jede Varietät der Gattung „Coffea", die Arabicas, Robustas, Quillous, Excelsas oder Libericas, liefert Perlbohnen, also auch die Maragogypen (bei den letzteren aber wird der Perl zumeist nicht abgesiebt, sondern verbleibt als Unterbohne im Rohgut). Der alte Aberglaube, wonach gerade die Perlkaffees hinsichtlich ihrer Qualität etwas Besonderes darstellen, ist durch nichts zu belegen. Ihre Rundform gaukelt vielleicht manchem Verbraucher den Begriff „Mokka" vor, der für unsere Urgroßeltern noch das „non plus ultra" bedeutete, heute aber jeden Nimbus verloren hat.

„Weiche“ Kaffees

Der Binsenweisheit, daß sich der Unterschied zwischen den „harten“ und „weichen“ Brasils nur durch die Namen ihrer Anbauzonen dokumentiert und sich im Effekt ausschließlich durch die Zunge aufzeigen läßt, soll hier nicht Raum gegeben werden. Wird die Bezeichnung „weich“ durch „mild“ ersetzt, so wird der Begriff durch die „gewaschenen“ Kaffees der nach der „nassen“ Methode verarbeiteten Arabicas enger umrissen. Der amerikanische *Termin*markt läßt die Bezeichnung „milds“ (span.-port. „suaves“) für alle *nicht*brasilianischen Arabicas gelten, gleich welch anderer Herkunft sie sein mögen und gleich welcher Aufbereitung.

Absiebungs-Tabelle für Rohkaffee

Brasil-Skala	Milli-meter-Skala	englische Wort-bezeich-nungen	spanische Wortbezeich-nungen	englisch Form	
20	8				Flach-bohnen
19.½	7¾				
19	7½				
18.½	7¼	„AA“			
18	7	„A“	„Superior“	1st Flats	
17	6¾				
16	6½	„B“	„Segunda“	2nd Flats	
15	6				
14	5½	„C“	„Tercera“	3rd Peas	
13	5¼		„Caracol“	1st Peas	Perl-bohnen
12	5				
11	4½		„Caracoli“	2nd Peas	
10	4				
9	3½		„Caracolillo“	3rd Flats	
8	3				

„Harte“ Kaffees

Der im anglo-amerikanischen Fachsprachgebrauch als „Rio flavour“ oder „rioish“, von den Franzosen als „saveur pharmaceutique“ bezeichnete Karbol- und Krankenhausgeschmack wird hauptsächlich auf den Aufguß „harter“ Brasils bezogen, kaum jedoch auf die gleiche Eigenschaft der „wilden“ Afrikaner, der Quillou-, Excelsa- oder Liberica-Gruppen. Wodurch die für unsere Zunge oft scheußliche Eigenart entsteht, womit sie zu erklären ist, bleibt unerfindlich, zumal sie bei den Santos- oder Paraná-Kaffees fast nie auftritt. Wie unzählige Versuche beweisen, hat sie weder mit pflanzlichen Erbanlagen zu tun noch mit dem Mineralgehalt der Böden, nichts mit Düngerarten oder den Klimaten. Sie ist und bleibt ein Naturgeheimnis, dem alle Wissenschaften nicht auf die Spur zu kommen vermögen.

Ernte in Mittel-Amerika

Die Ernten Brasiliens oder auch die der westafrikanischen Erzeugungszonen lassen sich bei ihrem gewaltigen Umfang nur durch die einfache Methode des Abstreifens der Kirschen auf die am Boden ausgebreiteten Tücher bewältigen, wobei hinzukommt, daß man bei der trockenen Aufbereitung nicht Gefahr läuft, das frischgepflückte Gut durch eine vorzeitige Gärung zu gefährden. Die nach der nassen Methode verarbeiteten Arabicas werden dagegen fast immer Stück für Stück von Hand gepflückt. Dabei werden nur Kirschen im Stadium der Vollreife abgenommen, die dann innerhalb 24 Stunden den Aufbereitungs-Anstalten zugeführt werden müssen, damit die gefährliche Vorfermentation vermieden wird, die der Bildung von Ölbohnen oder „Stinkern“ Vorschub leistet. Hier, wo bei außerordentlich großen Höhenunterschieden im Gebiet zusammenhängender Pflanzungsareale ebenso unterschiedliche Lufttemperaturen vorherrschen (die mit je 100 Metern Steigung oder Gefälle um etwa 1/2 Grad C variieren), ist das ständige Abernten der Strauchbestände und die rasche, reibungslose Weiterverarbeitung von ausschlaggebender Bedeutung für eine gleichbleibende Güte der Erzeugung.

Die trockene Aufbereitung

Die einfachste und billigste Verarbeitung, bei der die frischgepflückten Kirschen dünngeschichtet auf weiten, auszementierten Plätzen unter freiem Himmel ausgebreitet und unter stetigem Wenden der Sonne und Luft ausgesetzt sind. Diese natürliche Trocknung dauert je nach der herrschenden Witterung etwa zwei bis drei Wochen. Sie ist beendet, wenn das Fruchtfleisch völlig ausgedörrt ist und die darin enthaltenen Bohnen beim Schütteln ein leise klapperndes Geräusch von sich geben.

Auf den Trocknungsprozeß folgt sogleich die Weiterverarbeitung in der Schälmaschine, einer mechanisch betriebenen Vorrichtung zum Entfernen der Hornschalen und Silberhäutchen. Ihr Hauptteil besteht aus einem horizontal gelagerten Metallzylinder, in dessen Innerem eine sich allmählich verjüngende Schneckenwalze rotiert. Unter genau regulierbarem Druck passieren die Hülsenkaffees diesen Schneckengang, wobei sich die spröden Hornschalen lösen und nach außen ab-

Blütenstand des „Coffea arabica"

Der Arabica liefert den ersten Blütenbesatz im dritten Jahr, der Robusta bereits im zweiten. Bei beiden Gruppen ist die Blüte durchweg fünfzählig, den Achseln dicht aufgesetzt. In ihrer Gestalt, der Farbe und dem Duft erinnert sie an den Jasmin. Je nach Standort, Höhenlage und Klima wird die Blütezeit des Kaffeestrauchs entweder periodisch unterbrochen, oder aber sie erstreckt sich über fast das ganze Jahr, wobei dann das Zweigwerk gleichzeitig Blüten und Früchte jeden Reifegrads trägt. Neben Untertemperaturen richten zur Blütezeit besonders langanhaltende Regenfälle große Schäden an, da der Kaffee ein Windbestäuber ist und nasser Pollen sich nicht verbreiten kann. Der tiefe Kelchgrund ist für einen Bienenrüssel nicht erreichbar und trägt zudem auffällig wenig Nektar. So vermag Brasilien trotz seiner ungeheuren Areale an blühenden Kaffeesträuchern keine nennenswerten Honigmengen für die Ausfuhr zu liefern.

gesogen werden. Durch die gegenseitige Reibung werden auch die Silberhäutchen zum größten Teil entfernt. An diesen Arbeitsvorgang schließt sich das Separieren auf Bohnengröße und das Reinigen des Rohguts an, und zwar mit Hilfe elektrisch betriebener Trommelsiebe, den Windfegen oder dem „Catador". Bei den Windfegen erzeugen rotierende Schaufelflügel einen waagerecht streichenden Luftstrom, in dem der Rohkaffee in Schwergut, d. h. gesunde Bohnen, und die leichteren Bestandteile — wie taube Kerne, „Ohren", Bruch, Zweigreste und Steinchen — getrennt wird. Der „Catador" wird maschinell betrieben, vollbringt größere Leistungen und arbeitet sauberer. Hier wird der Luftstrom senkrecht nach oben geführt, wobei das brauchbare Material von dem kranken in den verschiedenen Etagen der Anlage geschieden wird. Zum Schluß gelangt der geschälte und maschinengereinigte Kaffee dann in die „Ensacadores", automatisch arbeitende Abfüllmaschinen, welche die Säcke auf ein genau festgelegtes Gewicht bringen und für die Ausfuhr verschließen.

Die Kaffeekirsche

Je nach der geographischen Breite des Produktionsgebietes braucht die Kirsche des Arabica für die Entwicklung bis zur Vollreife 8 bis 9 Monate, wohingegen die Frucht des Robustas (dessen Anbau sich nur auf die Tropenzonen beschränkt) erst nach 10 oder 11 Monaten reift.

Die äußere Haut der Kirsche ist im Zustand der Reife sattrot gefärbt, bei Hochgewächsen zeigt sie einen Stich ins Violette. In der schleimigen „Pulpa", dem stark zuckerhaltigen Fruchtfleisch, liegen bei etwa 80 Prozent beider „Coffea"-Gruppen zwei Fruchtkerne eingebettet, der Rest sind einsamige Perlbohnen und wenige mehrsamige Bohnen. Die Samen sind von der holzigen Hornschale umgeben, der „Pergamenthülse" oder dem Endokarp. Dem eigentlichen Kern sitzt eine dünne, feste Samenhaut auf, das grüngraue bis bläuliche Silberhäutchen. Bei gewaschenen Kaffees löst es sich beim Schälen von der Oberfläche, und nur in den Nahtstellen der nach innen gerollten Bohnen bleiben Reste erhalten, die sich bei den Arabicas nasser Aufbereitung während des Röstprozesses aufhellen und sie als „Schnittröster" ausweisen.

Die nasse Aufbereitung

beginnt in den „Quelltanks“, großen Wasserbottichen, in denen man das frische Erntegut während der Nacht aufgehen läßt, ehe es am nächsten Tag durch Schwemmkanäle in den Walzenpulper getrieben wird. Im Inneren eines solchen „Pulperos“ pressen gewölbte Druckscheiben die Kirschen gegen eine rotierende Kupfertrommel, die auf ihrer Oberfläche kleine, warzenähnliche Erhebungen trägt, welche die Schalen der Kirschen mitsamt dem schleimigen Fruchtfleisch wegreißen. Der Abstand zwischen den Scheiben und der Reibwalze läßt sich durch Handräder genau regulieren, um Druck- und Bruchverletzungen des Rohguts zu vermeiden.

Die aus dem Pulper kommenden Hülsenkaffees sind mit einem zähen, klebrigen Überzug bedeckt, den Resten des Fruchtfleisches, das sich auf mechanischem Wege nicht lösen läßt, sondern durch die „Gärung“ entfernt werden muß. Dieser auch als „Fermentation“ bezeichnete Vorgang ist der wichtigste und letztlich alleinbestimmend für die Güte aller „gewaschenen“ Kaffees. Dabei gelangt der im Pulper ausgequetschte Hülsenkaffee wiederum in große Wassertanks, wo er je nach der Höhenlage der Plantage 24 bis 48 Stunden verbleibt. Während dieser Zeit lösen sich die Überbleibsel des Fruchtfleisches mehr und mehr auf und verwandeln das Wasser in eine trübe, moussierende Brühe. Das Ende des Prozesses zeigt sich dadurch an, daß die Blasenbildung aufhört. Von wesentlicher Bedeutung aber ist, daß sich im Verlauf dieser Fermentation ein unsichtbarer Vorgang abspielt, der im Inneren der Bohnenmasse eine chemische Veränderung hervorruft. Sie wird durch eine sogenannte „Oxydation“ ausgelöst, die mit Luftsauerstoff ablaufende „kalte“ Verbrennung. Sie wiederum wird durch Spaltfermente, Hefepilze und Schizomyzeten bewirkt, deren Mikrokulturen organisch gebundene Pflanzenelemente zerlegen, umbauen und neu formieren.

Nach Abschluß des Gärprozesses folgt das eigentliche „Waschen“ in den Klärbecken, ein im Grunde nebensächlicher Vorgang, der dieser Aufbereitungsmethode zufällig ihren Namen gab. Dabei spülen starke Strahlrohre den Hülsenkaffee so lange unter Wasser, bis die letzten

Spuren des Fruchtfleisches verschwinden und er blank und sauber zurückbleibt. Der Rest seiner Verarbeitung, das Trocknen, Schälen, Separieren, das Reinigen in der Maschine oder eine Verlesung von Hand, entspricht genau den gleichen Vorgängen, wie sie bei den „trocken" verarbeiteten Kaffees vorgenommen werden (s. auch „Beneficio").

„Beneficio"

Der englisch als „curing works" bezeichnete Betrieb einer Aufbereitungs-Anlage, der gewöhnlich die gesamte Verarbeitung gewaschener Kaffees durchführt: vom Entkirschen bis zum Einsacken des abgesiebten und verlesenen Rohguts.
Üblicherweise sind diese Anlagen auf einem sanftgeneigten Hang angelegt, um den freien Fluß des Wassers zu gewährleisten. Auf dem Scheitelpunkt des Hangs liegen die Vorreinigungsgräben oder Quelltanks, es folgen der Schwemmkanal zu den Pulpern, dann die Fermentationsbecken (Gärbehälter) und endlich die Trockenböden (oder auch die künstlich beheizten Lufterhitzer, Trockentrommeln oder Darren). Wenn das Erntegut diese Anlagen passiert hat, erfolgt die Weiterverarbeitung der Hülsenkaffees in der Schälanstalt (der „trilladora"), die dem Betrieb entweder direkt angeschlossen ist oder aber (wie z. B. in Kolumbien) unter fremder Regie arbeitet bzw. auf Genossenschaftsbasis geführt wird. Der Maschinenpark einer Schälanstalt umfaßt im wesentlichen die Schälmaschinen, Windfegen oder Catadoren, Poliertrommeln, Sortieranlagen, Perl-Auslesemaschinen, die Verlesetische und die Wiege-Einsack-Maschinen.

„. . . und man trinke den Kaffee immer, bei Tage des Sommers gegen die Wärme, des Winters gegen die Kühle und also bei Nacht gegen die Kühle und immer für die Feuerung des Geistes!"

Aus Großmutters Kochbuch

„Schnittröster"

Jene Qualitätsbezeichnung, die nur bei *gewaschenen Arabicas* möglich und anwendbar ist, nie aber bei trocken aufbereiteten Sorten und erst recht nicht bei Robustas, denen dieses Merkmal immer fehlt, selbst wenn die letzteren nach der „nassen" Methode verarbeitet wurden. Die nasse Aufbereitung der Arabicas erfordert so viel mehr an Aufwand, Zeit und Kosten, daß sie fast nur bei Hochgewächsen vorgenommen wird. Diese werden dann stets auch preislich höher bewertet, da sie viel zuverlässiger in der Farbe, im Aroma und in dem Geschmackswert ihres Röstguts ausfallen, das schon rein äußerlich als Gütezeichen den hellen, auffallenden „Schnitt" zeigt.

Kaffee-Landschaft in Zentral-Amerika

Die schmale Landenge, welche Nord- und Südamerika miteinander verbindet, ist das Kernstück der Weltkaffeewirtschaft, Sitz der ältesten und mächtigsten Hochkulturen der westlichen Hemisphäre. Die Produktionszonen dieser Gebiete bestimmen nicht allein mit der Größe ihrer Erzeugung an gewaschenen Arabicas den „trend" der internationalen Märkte, sondern erst recht durch die Güte ihrer Ernten und die Sorgfalt ihrer Aufbereitung.

In seinen Hauptteilen ist Mittel-Amerika ein Gebirgsland mit tiefzerklüfteten Faltenzügen, Teilstücken der gewaltigen, von Norden nach Süden streichenden Kordillerenketten. Auf der pazifischen Seite prägen die zum Teil schneebedeckten Stöcke der Vulkane das Gesicht der Landschaften. Ihre Auswürfe bedecken weite Teile der Landenge mit tiefgründigen Tuffen, Aschenschichten und den roten, eisenschüssigen Lateritlehmen, den idealen Nährböden einer Pflanzenwelt, die zu den fruchtbarsten und üppigsten unserer Erde zählt. Die größten und wichtigsten Anbaugebiete des Kaffees finden sich in der „tierra templada", der 600 bis 1800 Meter über Meereshöhe gelegenen Zone der Hochebenen und Bergplateaus mit mittleren Jahrestemperaturen zwischen 16 und 23 Grad C.

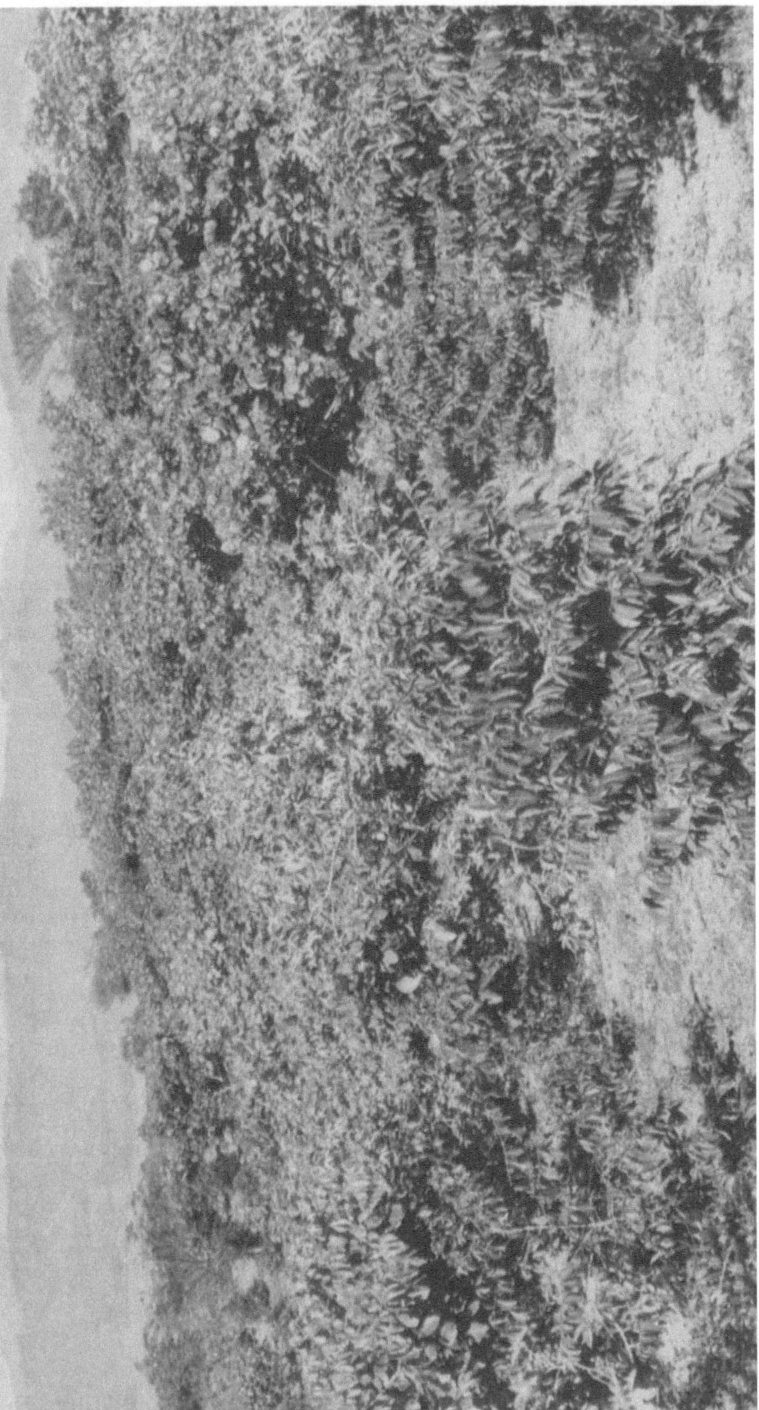

„Säureträger“

Neben dem Gütezeichen des „Schnitts“ zeugt dieser Begriff für die Güte eines gewaschenen Arabicas. Er läßt sich jedoch nicht durch die üblicherweise als „sauer“ empfundene Modalität des Geschmacks definieren. Er hat mit chemischer Säure nicht das geringste zu tun, obschon diese im Kaffee zwar auch vorhanden ist, was sich durch eine einfache Probe leicht nachweisen läßt. Beim „Säureträger“ ist vielmehr eine nur sinnlich empfundene, mit dem Aroma eng gepaarte, reine und zarte Eigenschaft gemeint, die die besten Hochgewächse mit einem gewissen „Etwas“ abrundet, dessen „Schmecken“ nur mit dem Duft wahrgenommen wird.
(Wird dagegen ein Kaffee als „sauer“ bezeichnet, so wird eine genau entgegengesetzte Geschmackseigenschaft indiziert, eine durchaus üble Eigenschaft, die hauptsächlich bei allzufrischen, „grasigen“ Niedergewächsen vorkommt. Diese sogenannte „Kiemensäure“ läßt sich allein von dem Geschmackssinn der Zunge aufzeigen, hier aber im verderblichen Sinne.)

Anlage für die nasse Aufbereitung (Teilansicht)
Im Vordergrund die Fermentationsbecken, in denen die im Pulper vom Fruchtfleisch befreiten Hülsenkaffees dem Gärungsprozeß unterzogen werden. Diese Art der Aufbereitung kann nur dort zur Anwendung kommen, wo frisches Wasser reichlich zur Verfügung steht und die Ernten mengenmäßig so ausfallen, daß sie rasch zu verarbeiten sind.
Die im Hintergrund des Bildes sichtbaren Trommeln dienen dem Ausschleudern der naß aus den Klärbecken kommenden Hülsenkaffees, ehe sie auf die Trockenböden gelangen. Bei den außerordentlich hohen Lufttemperaturen tropischer Gebiete führten Feuchtigkeit und Nässe sofort zur Bildung von Schimmelpilzen, vor allem des in heißen Ländern gefürchteten „Kopfschimmels“ (Mucor), dessen Befall jenen Geruch bringt, den der Handel mit „Keller und Sack“ bezeichnet.

„Rohtriage"

Ein Begriff, der solchen Einwurf kennzeichnet, der entweder von Natur aus deformiert ist oder beschädigt wurde. Die Bohnenmasse selbst ist einwandfrei geblieben und hat keinen Einfluß auf den Geschmackswert der Tasse, sie „stört" lediglich das Bild einer Roh- oder Röstkaffee-Partie, geht im Mahlgut aber unerkannt unter. Zur Rohtriage zählen die *„Bruchbohnen"*, ursprünglich gesunde Kerne, die im Pulper oder der Schälmaschine durch eine zu scharfe Einstellung zerbrochen oder „gekniffen" worden sind. (Das gleiche ist geschehen, wenn in einer sonst einwandfreien Partie vereinzelt Bohnen enthalten sind, die an ihren Rändern oder auf dem Rücken dunkle Druckstellen aufweisen. Auch deren Geschmack ist in keiner Weise abfallend.) *„Elefanten"* sind eine hauptsächlich bei Kenya-Arabicas vorkommende Deformation, „bullheads" genannt. Es handelt sich um zwei in der Kirsche zusammengewachsene Fruchtkerne, die während des Röstens auseinanderspringen. *„Boeboek"* stellt leichten Insektenfraß dar, der durch den „Kaffeebohrer" verursacht wird. Er zeigt sich an kleinen Bohrlöchern oder Randbeschädigungen, wozu sich oft auch dunkle Verfärbungen gesellen. *„Platzer":* Da bei einem Kaffee in der Hülse kaum festzustellen ist, welchen Anteil überdurchschnittlich großer Bohnen er bei der Schälung bringen wird, kann es — wie bei Brasilianern — leicht vorkommen, daß eine auf Mittelgröße eingestellte Schälmaschine alles beschädigt, was über Siebgröße 18 anfällt. Entweder gibt es dann Bruch, „Ohren" oder „Platzer". Letztere zeigen Längs- und Querrisse, die bis tief in die Bohnenmasse reichen und sie während des Brennens auseinanderplatzen lassen. *„Ohren"* sind ebenfalls ein Produkt fehlerhafter Schälung, wenn übergroße Bohnen beim Passieren der Schneckenwalze zerspringen. Sie bestehen dann nur aus der äußeren Schale, während der innere Teil oder Kern fehlt. *„Rote Bohnen"* tragen entweder einen dünnen Überzug vertrockneten Fruchtfleisches, oder sie sind mit Resten roter Erde (Lateritlehms) verfärbt, die beim Schälen mit zerrieben wurde. Vereinzelt sind auch solche Bohnen völlig harmlos.

„Fehlbohnen"

Im Gegensatz zur „Rohtriage", die abgesiebt einen, wenn auch verminderten Handelswert besitzt, sind die eigentlichen „Fehlbohnen" reiner Ausschuß, der aus dem Röstgut sorgfältig ausgelesen werden muß. Feind Nr. 1 des Rösters ist der *„Stinker"*, der den besten Kaffee zuschanden werden läßt. Er stammt aus angefaulten Kirschen, die in Gärung übergingen und einen Verwesungsprozeß durchmachten. In den meisten Fällen geben sie sich durch ihr Äußeres zu erkennen: Ihre Oberfläche ist verrunzelt, sie haben eine ungesunde, gelblichgrüne Farbe und gleichen glasigen Feuersteinchen. Wenn man sie zerschlägt, strömen sie einen ekelhaften, an Essigsäure erinnernden Geruch aus. *„Frostbohnen"* sind dunkel verfärbte Bohnen, die zumeist nur durch Verdunstungskälte angegriffen wurden. Durch und durch dunkle, fast schwärzliche Bohnen haben schweren Frost gehabt, wobei ihre Gewebesubstanz zerstört wurde. *„Grasbohnen"* sind schlecht ausgereifte, meist auch verkümmerte Bohnen mit grünlichen, festaufgeschrumpften Silberhäutchen, die sich auch während des Brennens nicht lösen. Sie bleiben im Rost hell und sind der Grund für das „bunte" Rösten. Ihr Geschmack ist verderblich. *„Springer"* finden sich fast nur bei gewaschenen Kaffees, die drüben aus Teilpartien gestürzt wurden. Falls eine davon bei der Aufbereitung durch eine Vorgärung zuviel Hitze erhielt, ist das Los dann von solchen Bohnen durchsetzt, die ein kränkliches Aussehen zeigen. Sie sind in der Farbe heller als der Rest, gefleckt wie Marbelsteinchen und spröde wie Glas. Im Rost kommen sie rötlich-bunt durch, schwitzen bereits nach kurzer Zeit durch Ausscheidung von verbrannten Röstölen. *„Schwarze Bohnen"* fallen in einer Rohkaffeepartie stärker auf als jeder andere Einwurf, sie gelten bei der Klassifizierung der Brasils als Hauptfehler. Es sind tote Bohnen, deren Kirschen weit vor der Reife vom Baum fielen und bei der Ernte mit aufgenommen wurden.

Die Pflanze und ihre Frucht in Zahlen

Erster *Blütenbesatz* bei „Coffea arabica" im 3. Jahr, bei „Coffea robusta" im 2. Jahr. Aus den befruchteten Blüten gehen die reifen *Kirschen* hervor bei

		„C. arabica"	„C. robusta"	
in den Tropen	nach	8	10 bis 11	Monaten
in den Subtropen	nach	9	—	Monaten

Die *Erträge* eines 12jährigen Strauchs an geschältem Rohkaffee liegen je Ernte

	unter Norm	Norm	über Norm	außergewöhnlich
bei „C. arabica"	400— 600	650—1250	1300—2000	über 2000 g
bei „C. robusta"	600— 750	800—1300	1350—2200	über 2200 g
bei „C. liberica"	800—1150	1200—1350	1400—2200	über 2200 g

Einhundert Kilo frischgepflückte *Kirschen* ergeben im Schnitt an geschältem, nicht abgesiebtem *Rohkaffee:*

„C. arabica"	15.8 kg
„C. robusta"	23.0 kg

Trockenplätze („Patios")

In den rechts im Bild noch erkennbaren Klärbecken wird der naß aufbereitete Kaffee nach dem Verlassen der Fermentationstanks „gewaschen". Das bedeutet nichts weiter als ein Abspülen der ihm von der Gärung noch anhaftenden Fruchtfleischreste. Der feuchte Hülsenkaffee gelangt danach auf die Betonböden der „Patios", wo er unter häufigem Wenden der Sonnentrocknung unterzogen wird. Nach Beendigung des Trocknungsprozesses lagert man die „Pergaminos" bis zur Schälung in niedrigen, überdachten Schuppen ein, wie sie links im Bild zu sehen sind. Sie dienen ebenfalls als Schutz gegen unerwartet eintretende Niederschläge oder außergewöhnlich starken Nachttaubefall. Der konservative Kaffeebauer des mittel-amerikanischen Raums wird stets die langsam ablaufende, natürliche Sonnentrocknung der künstlichen vorziehen, wie sie heute vielfach des schnelleren und damit billigeren Arbeitsganges wegen Anwendung findet.

Eintausend *Kaffeekirschen* enthalten im Durchschnitt:

	Flachbohnen	Perlbohnen	mehrsamige
„C. arabica" aus Brasilien	818	168	14 Stück
„C. robusta" aus Angola	809	143	48 Stück

Im Schnitt wiegen eintausend frischfarbene *Flachbohnen* von:

„C. arabica"	Jemen-Hodeidah	127 g
„ „	Abessinien-Harrar Short	140 g
„ „	Guatemala „B"	163 g
„ „	Venezuela-Maracaibo „A"	176 g
„ „	Santos, Sieb 17 ½	179 g
„ „	Mexiko-Tapachula „A"	180 g
„ „	Java-Kalisat	189 g
„ „	Columbia „Excelso"	193 g
„ „	Costa Rica „A"	203 g
„ „	Columbia „Supremo"	213 g
„ „	Guatemala-Maragogype	291 g
„C. robusta"	Angola	161 g
„ „	Java „WIB"	167 g

Die hauptsächlichen *chemischen* Bestandteile des „C. arabica"
(Mittelwerte)

	Rohgut	Röstgut
Wasser	10.73	2.62 %
fette Öle (Olein, Stearin, Palmitin)	10.80	14.85 %
Stickstoffhaltige Substanz (Eiweiße)	12.64	14.78 %
Koffein	1.27	1.57 %
Zucker	8.62	2.28 %
Dextrin	0.86	1.38 %
Gerbsäuren	9.02	4.52 %
Stickstofflösliche Extraktstoffe	19.30	29.45 %
Rohfaser (Zellulose)	24.01	20.47 %
Asche	3.02	4.48 %

Außer diesen von den Chemikern bestimmten Substanzen, Abbauprodukten und organischen Säuren schätzt man, daß in einer Tasse Kaffee noch etwa 50 Spurenelemente enthalten sind, deren Natur den Analytikern nicht bekannt ist.

Kaffee und seine physiologische Wirkung

Es gibt kein Genußmittel, vor dem nicht zahlreiche Leute mit erhobenem Zeigefinger warnen und auf die möglichen schädlichen Folgen hinweisen. Das kann sehr leicht den ruhigen Genuß stören, zumal eine Warnung manchmal durchaus berechtigt ist. Beruhigend ist es aber, daß es keine Substanz gibt, die nicht unter besonderen Bedingungen schädlich wirken könnte. Man muß eben die Grenzen kennen, die beim Gebrauch nicht überschritten werden sollten. Diese kurz aufzuzeigen, ist der Zweck dieser Darstellung.

Vor der Röstung finden wir bereits in der Kaffeebohne die Substanz vorgebildet, deretwegen der Kaffee eine so weite Verbreitung gefunden hat, das Koffein. Die anderen Stoffe sind von geringem Interesse für uns, bilden aber die Grundlage, aus der sich durch den Röstprozeß die große Zahl schmeckbarer und riechbarer Substanzen entwickelt. Allein von denen mit kleinerem Molekulargewicht hat man Hunderte nachweisen können, darunter auch eine (einen furfurolähnlichen Körper), die man als Kaffeearoma ansprechen wollte. Es gibt aber keine Substanz, die man als „d a s Kaffeearoma" bezeichnen könnte, weil der Kaffee einen Geschmack hat, der nach Lage, d. h. Herkunftsland, und Jahrgang wechselt. Zum Geschmack gehören auch Halbkolloide, karamelähnliche Substanzen, und auch das sog. Kaffeeöl, deren chemischer Aufbau keineswegs geklärt ist. Viele von diesen Stoffen kann man auch bei der Röstung von anderen Materialien (Gerste, Zichorie, Feigen usw.) erzeugen, ohne daß darum ein Produkt entstünde, das man dem Käufer ohne Protest als Kaffee unterschieben könnte.

Unter all diesen Substanzen befindet sich eine große Zahl, die man auch als giftig ansprechen könnte, wenn man nicht berücksichtigt, in welcher Menge sie im Kaffeegetränk angetroffen werden. Die Menge allein aber entscheidet. Die Zahl von Substanzen und ihre in summa kleine Menge verbietet es, ihnen einzeln Beachtung zu schenken.

Jedoch soll eine Frage hier gleich am Anfang diskutiert werden, nämlich die Entstehung *krebserzeugender* Substanzen. Von ROFFO in Buenos Aires wurden solche im „Kaffee-Teer" nachgewiesen. Wir versuchten, durch die verschiedensten Abwandlungen der Gewinnung mit differenten Rösttemperaturen diese Resultate zu wiederholen. Ohne Erfolg, obwohl wir uns insgesamt 6 Jahre abmühten. In neuerer Zeit gelang amerikanischen Autoren ein Nachweis, aber es war eine weitgehende Anreicherung dieser Substanzen notwendig. Ohne dieses komplizierte Verfahren müssen sie unter der Schwelle der Wahrnehmbarkeit und Wirkung bleiben. Mir scheinen diese Befunde, wenn sie sich bestätigen sollten, eher ein Zeichen für eine fortgeschrittene Feinheit der chemischen Analytik als für eine Gefährdung des Menschen zu sprechen. Diese Substanzen gehen außerdem kaum in das Getränk über.

Die Röstprodukte — wir wollen sie gesondert vom Koffein als eine Gruppe zusammen behandeln — könnten eine Eigenwirkung besitzen, aber welche?

Ohne Zweifel besitzen sie eine Wirkung auf den Magen. Sie rufen eine vermehrte Magensaftsekretion hervor und reizen die Magenwände, besonders wenn das Getränk sehr stark angesetzt ist. Saure Kaffees wirken dabei stärker. Eine vermehrte Sekretionsleistung der Magendrüsen kann vielleicht nach einer reichlichen Mahlzeit willkommen sein, aber unangenehm wird es allen denen, die schon an sich einen empfindlichen Magen besitzen, an häufigem Sodbrennen oder gar einem Magengeschwür leiden. Die Reizwirkung kann man durch gleichzeitige Gabe von Milch in den Kaffee vermindern, aber häufig wird man den Kaffee ganz meiden müssen. Solche Menschen bevorzugen dann den Tee. Manche fühlen bei sehr starkem Getränk einen Druck auf den Magen, der nicht auftritt, wenn es etwas dünner oder nach dem Essen genommen wird.

Wir haben oben als zweiten Faktor die Reizwirkung auf die Magenwände genannt. Wir meinen damit die Erweiterung des Wirkungsbereichs auf allgemeinere körperliche Funktionen. Denn in der Magenwand werden Nervenreize gesetzt, die in das Nervensystem besonders der Eingeweidenerven ausstrahlen und von dort aus schließlich ihre Impulse bis ins Zentralnervensystem senden. Liegt hier die Ursache einer „anregenden Wirkung"?

Die eindeutige Entscheidung darüber, ob die Röstprodukte eine „anregende Wirkung" besitzen, ist schwer zu treffen, weil sie eng mit der anregenden Wirkung einer Nahrungsaufnahme oder von Geschmacks- und Geruchsstoffen zusammenhängt. Diese Wirkung ist abhängig von dem Zustand der betreffenden Person. So kann bei einem gewissen Hungerzustand Nahrungsaufnahme allein auch geistig anregend wirken, das ist aber nicht sicher reproduzierbar, nicht stets können wir eine Anregung nachweisen wie nach Koffein.

Und doch muß eine Wirkung da sein, die dann wahrnehmbar wird, wenn die Koffeinwirkung dazukommt. Über Koffein müssen wir jetzt zuerst sprechen, bevor wir auf die Röstprodukte noch einmal zurückkommen.

Die Hauptwirkung des Koffeins liegt in der Anregung des Zentralnervensystems. Da steht zuerst die Frage, ob man eine solche Anregung über die normale Funktion hinaus überhaupt erreichen kann, da man doch annimmt, daß ein gesundes, nicht ermüdetes Organ optimal arbeitet. Wenn jetzt eine Substanz einwirkt, könnte schließlich nur ein ungünstiger Effekt sichtbar werden, z. B. Erregung. Schon daß man die Ermüdung nicht messen kann, gibt der Definition etwas Willkürliches. Morgens ist man ausgeschlafen und so in bester Leistungsfähigkeit, und doch kann eine Tasse Kaffee rascher ermuntern. Tatsächlich läßt sich experimentell nachweisen, daß auch beim ausgeruhten Menschen die Reaktionen rascher und bei Auswahl verschiedener Möglichkeiten die Zahl der Fehler bei den Testen geringer werden. Das kann man z. B. nach einer Tasse Kaffee mit 0,1 g Koffein nachweisen, ebenso wie bei derselben Dosis reinen Koffeins, bei letzterer vielleicht etwas stärker.

Die Dosis von 0,1 g Koffein gilt natürlich nicht genau, denn die Empfindlichkeit der einen Person gleicht nicht der einer anderen. Andere werden zu einem Effekt vielleicht 0,2 g benötigen. Diese Dosis führt bei manchen schon zu Überdosierung und Erregung, wobei die Reaktion rascher, die Zahl der Fehler aber größer wird.

Ein Ermüdeter verträgt größere Dosen und reagiert eindeutiger vorteilhaft. Man darf aber nicht auf die Idee verfallen, die Ermüdung einfach als einen negativen Summanden einzusetzen. Denn bei Steigerung der Dosis kommt es zu einem inneren Spannungsgefühl, das durch Ermüdung nicht beseitigt wird, aber zu einer Zunahme von Fehlern führt. Das sei an einem praktischen Beispiel erläutert. Der

Autofahrer kann eine gewisse Ermüdung durch Kaffee bekämpfen. Versucht er das bei starker Ermüdung, dann müßte er große Kaffeemengen benötigen, aber zugleich wird jetzt die Zahl der Fehler größer; er wird prompter reagieren, aber häufiger falsch. Man muß davon abraten. Kaffee kann Ruhe nicht ersetzen.

Man liest häufig, daß durch Kaffee die letzten Leistungsreserven mobilisiert würden, dann komme aber eine um so tiefere Erschöpfung. Diese These, einfach hingesetzt, trifft nicht den Kern und verallgemeinert ungerechtfertigt. So etwas wird bei übermäßig großen Dosen vorkommen können, bei denen die Fehlleistungen eher eine Übererregung als eine Erschöpfung andeuten. Man darf nicht vergessen, daß Ermüdung mit einer verschlechterten Ökonomie einhergeht. Diese wird durch Kaffee bzw. Koffein verbessert. Unsere Versuche an Sportlern konnten zeigen, daß die Leistungen verbessert wurden.

Eine besondere Diskussion geht darum, inwieweit der Kaffee den *Schlaf* stört. Es gibt Leute, die behaupten, erst nach einer Tasse Kaffee richtig schlafen zu können. Man wird erst einmal zugeben müssen, daß es Menschen gibt, die sich durch Kaffee zum mindesten beim Einschlafen nicht stören lassen. Das hängt durchaus von den Mengen des genossenen Getränkes ab, aber außerdem von einer ganzen Reihe anderer Faktoren, z. B. wieviel und was hat man gegessen, wieviel alkoholische Getränke hat man genossen, wieviel geraucht, aber vor allem davon, wie man die Stunden vor dem beabsichtigten Schlaf zugebracht hat. Jede geistige Beschäftigung stört das Einschlafen, weil angeregte Gedanken sich nicht abstellen lassen, sondern weiterarbeiten und das auch ohne Kaffee. Dieser gibt aber häufig die Grundlage etwa zu einem angeregten Gespräch, und daher werden wir, wenn beide Faktoren wirksam werden, auch bei kleineren Kaffeemengen häufiger im Einschlafen gestört werden als ohne Teilnahme an solchen Gesprächen.

Es gibt auch noch eine zweite Phase, wo Kaffee den Schlaf stören kann: man wacht früher auf, und zwar auch dann, wenn man vorher — z. B. mit Hilfe von alkoholischen Getränken — glatt eingeschlafen ist. Hier ist wieder auf indirektem Wege die Wirkung auf die Niere mit tätig, nämlich die Anregung der Harnsekretion. Es ist interessant, daß bei der Prüfung der Koffeinausscheidung im Urin etwa 8 Stunden nach dem Kaffeegenuß die vorher schon gering gewordene Ausscheidung plötzlich wieder ansteigt. War das Koffein vorher in irgendwelchen Organen festgelegt und wurde dann freigesetzt? Nun kann der Zwang zum Urinieren allein schon den Schlaf stören, vielleicht hilft das mobilisierte Koffein dabei mit. Aber das wissen wir nicht. Seine Mengen sind jedenfalls kaum ausreichend, um ohne die Harnflut den Schlaf zu stören.

Nun müssen wir hier wieder auf die Röstprodukte eingehen, von denen wir bisher keine andere Wirkung kennen als die auf die Nerven der Magenwände. Man weiß, daß ein überladener Magen auch den Schlaf stört. Diese Wirkung kann bei Röstprodukten allein schon so stark auftreten, daß eine Schlafstörung entsteht, wie wir bei zahlreichen Versuchspersonen feststellen konnten, die „entkoffeinisierten" Kaffee zu sich genommen hatten. Wenn manche Personen nach Tee besser schlafen konnten, so liegt dies in den meisten Fällen daran, daß der Tee schwächer getrunken wird, aber auch weil die Magenreizung durch die Röstprodukte fortfällt.

Man kennt eine Reihe von unzweifelhaft genau untersuchten Fällen, die nach Kaffee tatsächlich besser schlafen. Hier soll ein Weg aufgezeigt werden, wie so etwas aus den allgemeinen psychologischen Effekten des Kaffees erklärt werden kann. Die Beliebtheit der koffeinhaltigen Getränke beruht nicht allein darauf, daß sie die Reaktionen des Zentralnervensystems beschleunigen, die Zahl der Fehler vermindern, die Redseligkeit (Kaffeeklatsch) erhöhen oder die Diurese anregen. Wesentlich ist die Erzeugung einer Euphorie, einer gehobenen und behaglichen Stimmung. Diese ist nicht so stark, daß das Koffein in gleichem Atem mit den verbotenen Giften wie Opium, Morphium usw. genannt werden kann. (Man kennt praktisch keine Sucht, die bei diesen Substanzen so gefürchtet ist. Eine Gewöhnung ist gering.) Es gibt nun Stimmungslagen, Depressionen, pessimistische Gedanken, die den Schlaf außerordentlich stören. Hier kann die Erzeugung einer Euphorie Wunder wirken.

Wir dürfen die Effekte, die Koffein auf die Organe außerhalb des Zentralnervensystem besitzt, nicht außer acht lassen, zeigen sich hier doch Symptome, die besonders unangenehm empfunden werden, vor allem am Herzen, „das Herzklopfen". Es ist ein unangenehmer Zustand,

wenn der Puls nicht nur stark ansteigt, sondern eine anscheinend vermehrte Arbeit des Herzens auch fühlbar wird. Manchmal kann sich sogar ein gewisser Druck auf der Brust entwickeln, ganz ähnlich den Symptomen bei Angina pectoris, der „Managerkrankheit". Diese Erscheinungen unterscheiden sich aber grundsätzlich voneinander, indem sie nach Kaffee ausschließlich nervös bedingt sind und bei Verringerung der Dosis ohne irgendwelche Folgen verschwinden. Der Verbraucher wird merken, daß er zu weit gegangen ist, aber einen Schaden, etwa des Herzmuskels, wird man nicht finden.
Indessen gibt es doch Kranke, die den Kaffeegenuß meiden müssen, weil sie sofort mit solchen Zuständen reagieren, z. B. die Kranken mit Überfunktion der Schilddrüse, besonders mit Basedowscher Krankheit. Auch „Nervöse" reagieren leicht mit diesem unangenehmen Zustand, ebenso wie sie auch leichter Schlafstörungen im Gefolge aufweisen, verstärkt durch die Röstprodukte. Wir wollen noch einige andere Herzkrankheiten erwähnen: Auf den Herzmuskel wirkt Koffein nur günstig, trotzdem werden alle Herzfehler ungünstig beeinflußt, wenn eine Herzfrequenzbeschleunigung auftritt. Immer ist es diese Wirkung, die an dem Nervenknoten angreift, der den Herzschlag steuert. Bleibt diese Wirkung aus, dann wird man gegen Koffein nichts einwenden können, d. h. wenn der Kranke selbst vernünftig ist und Maß hält. Bei kleineren Mengen finden wir sogar eine Pulsverlangsamung, ganz wie bei dem bekannten Herzmittel Digitalis.
Trotzdem wird der Arzt aber bei Kranken, die nicht Maß halten können, den Genuß völlig verbieten müssen oder entkoffeinisierten Kaffee verordnen. Gegen Angina pectoris auf organischer Basis wirkt Koffein auch therapeutisch günstig, solange nicht die Pulszahl über Gebühr steigt. Der Blutdruck steigt nach Kaffee gar nicht oder minimal. Auch bei Hochdruck (Hypertonie) braucht man ihn nicht zu verbieten, es sei denn, der Kranke reagierte darauf mit Blutandrang zum Kopf. Immer ist es letzten Endes der Mensch selbst, der entscheiden muß, ob ihm der Kaffee zuträglich ist oder nicht, und das richtet sich ganz nach dem Krankheitszustand. Außer bei Basedow, sehr selten bei manchen Hautkrankheiten, gibt es wohl keine prinzipielle Kontraindikation, wie es der Arzt ausdrückt, oder keine unbedingten Verbote bei einer Erkrankung. Das gilt besonders für Stoffwechselkrankheiten wie

Gicht, Rheuma oder Zuckerkrankheit. Da der Kaffee in seiner anregenden Wirkung aus unserem täglichen Leben kaum fortzudenken ist, bedeutet das für den Verbraucher eine große Beruhigung und kann ihm ein Sicherheitsgefühl verleihen.

Es ist aber bekannt, daß bei Übermaß auch der Gesunde krank werden kann, und zwar sind es nervöse Symptome, die sich durch Schlaflosigkeit und Überreizung äußern. Aber auch diese krankhaften Symptome hinterlassen keine dauernden Spuren. Wenn Kaffee auch im Verhältnis zu anderen Genußmitteln harmlos ist, werden wir doch an den Schluß die Mahnung von Goethe setzen:

Genieße mäßig Füll und Segen,
Vernunft sei überall zugegen,
Wo Leben sich des Lebens freut.

Es erhebt sich die Frage: wer trank in der Biedermeierzeit diese Unmengen von Kaffee?

Eine merkwürdige Antwort: die Frauen! Und zwar die Frauen des Mittelstandes, die mit der großen Literatur und mit der Repräsentation des Zeitalters gar nichts zu tun hatten. Die guten deutschen Bürgerinnen waren es, die diese Kaffee-Meere bewältigten und austranken ... Freundin bei Freundin saßen sie; am Montag bei Kätchen, am Dienstag bei Lottchen, am Mittwoch bei Gretchen und so fort. Nach der Last der Haushaltung — wenn Mann und Kinder versorgt waren — trafen sie sich zur „Kaffeevisite". Zur Hand- und Mundarbeit geschah dies: da wurde gestrickt, gestickt und gewirkt, da wurde gesprochen und Kuchen gegessen. Und unermüdlich plemperte die dicke, heiße Kaffeekanne als eine wohlgebauchte Mamsell den Strahl in die Tassen und in die Mägen.

Aus H. E. Jacob, Sage und Siegeszug des Kaffees

In der Frühzeit des Kaffeehandels — der ersten Hälfte des 17. Jahrhunderts — schrieb ein gewisser Herano aus Merseburg an Mijnheer Van Smitten, Großhändler zu Amsterdam, daß eine ihm gelieferte Probesendung gerösteten Kaffees (den er offensichtlich für eine Art noch unbekannter Hülsenfrucht gehalten hat und von seiner Frau mit Fleischbrühe und vielen Gewürzen zusammen aufkochen läßt) „von widerlichem Geschmack und schlechter Bekömmlichkeit" sei. Van Smitten, der ebenso offensichtlich die Sache mit dem Suppenrezept der Madame Herano nicht ganz verstanden hat, erwidert ungehalten, daß er bereits 5 Ballen von dem in Amsterdam so schnell berühmt gewordenen „Koffeyi" nach Leipzig verkaufte, allwo anscheinend ein besseres Verständnis herrsche und jedermann ihn, den Kaffee nämlich, lobe.

Auf den Spuren des Leonhart Rauwolf wandelnd, berichten zwei deutsche Reisende, die sich 1637 in den Morgenlanden aufhalten, vom Kaffee: Olearius, Rath zu Schleswig, preist die Herrlichkeit der persischen Kaffeehäuser, das Getränk „Cahwae" und dessen zahllose Verehrer, die „Schwarzwassertrinker", wogegen der sächsische Ritter von Neitschitz aus der Stadt Kairo ein sehr viel flaueres Urteil von sich gibt: „Im Kloster ward mir der türkische Trank, Caffa benennt, vorgesetzt, der ist ganz schwarz, dick, siedend heiß, wird auch also getrunken, ist nach dem Geschmack, als wenn harte Rinde Brot darin gesotten oder gekocht wären, soll aber gar bekömmlich und der Gesundheit sonderbar fürträglich zu trinken sein."

Aus dem Jahre 1688 stammt die erste Kaffeeschrift in Deutschland, die wahrscheinlich Bontekoe zum Verfasser hat, die „Drey/Neue Curieuse Tractätgen/von dem Trancke Café", in der geschrieben steht, wie der „gerüstete" Kaffee in einem „Mörsel" zu Pulver zerstoßen wird und wie er darauf in einer großen Kann' zu kochen ist.

Aus *Hans Spriestersbach, Geschichte zwischen den Wendekreisen*

PRODUKTION UND EXPORT

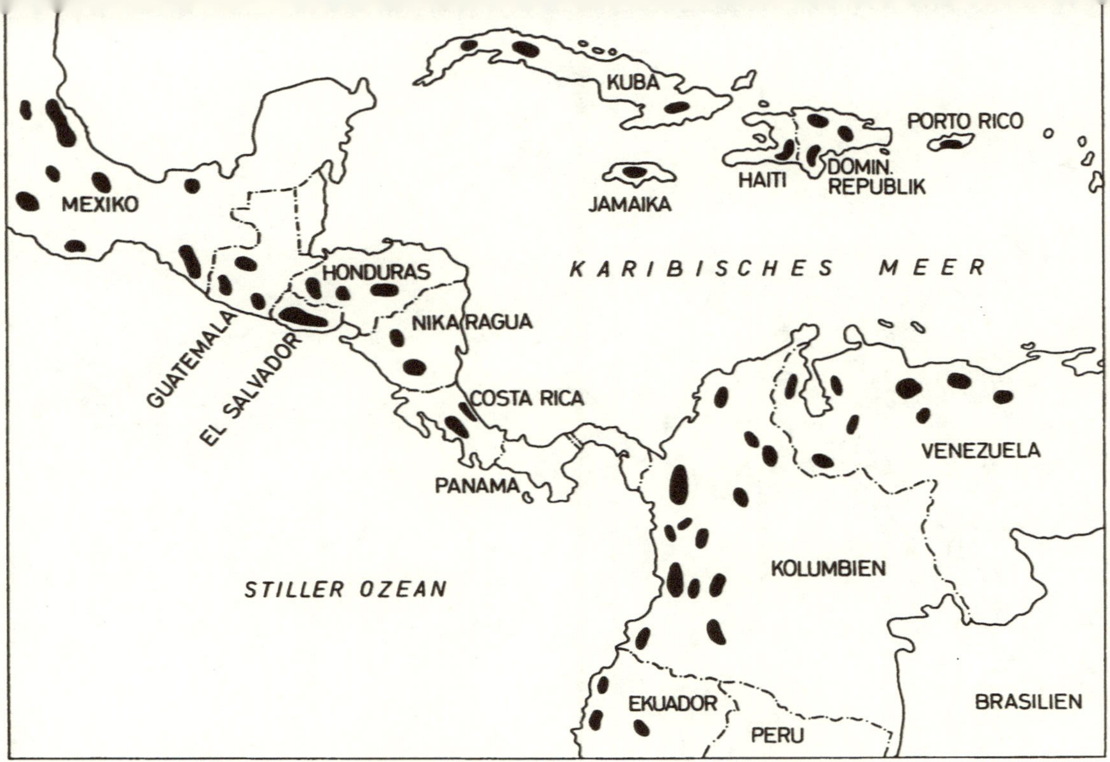
KUBA
PORTO RICO
HAITI
DOMIN.
REPUBLIK
JAMAIKA
MEXIKO
KARIBISCHES MEER
HONDURAS
NIKA RAGUA
GUATEMALA
EL SALVADOR
COSTA RICA
PANAMA
VENEZUELA
STILLER OZEAN
KOLUMBIEN
EKUADOR
PERU
BRASILIEN

VENEZUELA
KOLUMBIEN
EKUADOR
BRASILIEN
PERU
STILLER
OZEAN
SÜD -
ATLANTIK

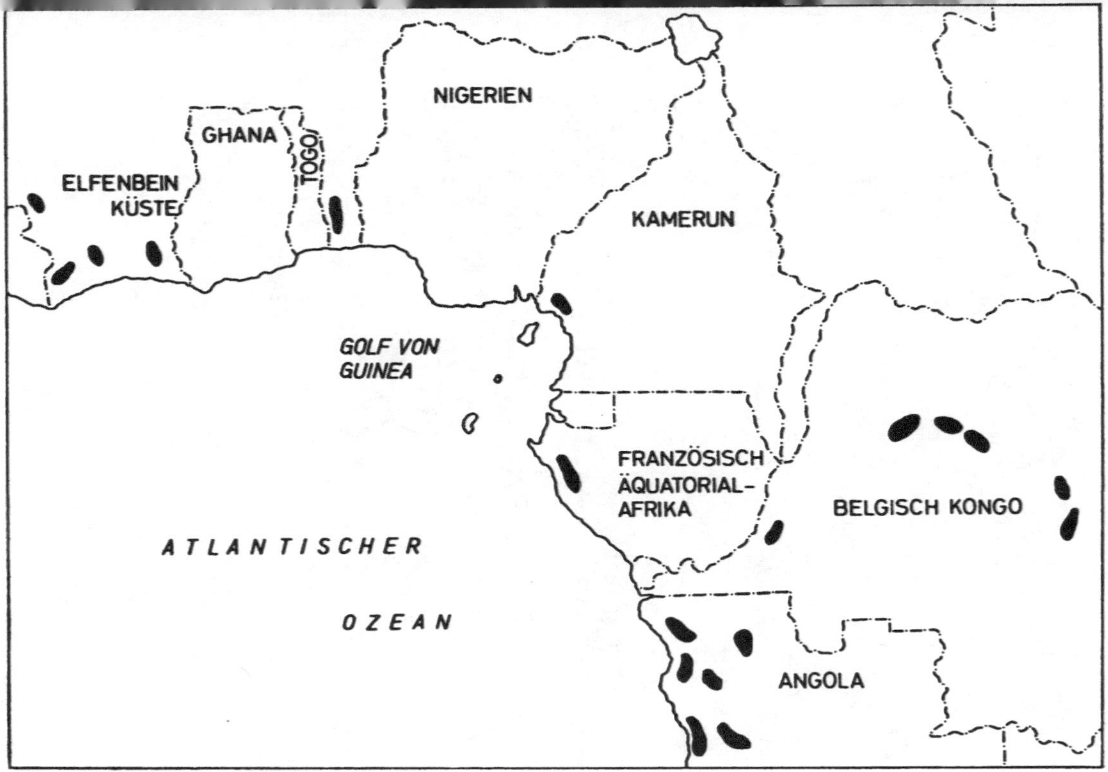
NIGERIEN
GHANA
TOGO
ELFENBEIN KÜSTE
KAMERUN
GOLF VON GUINEA
FRANZÖSISCH ÄQUATORIAL-AFRIKA
BELGISCH KONGO
ATLANTISCHER
OZEAN
ANGOLA

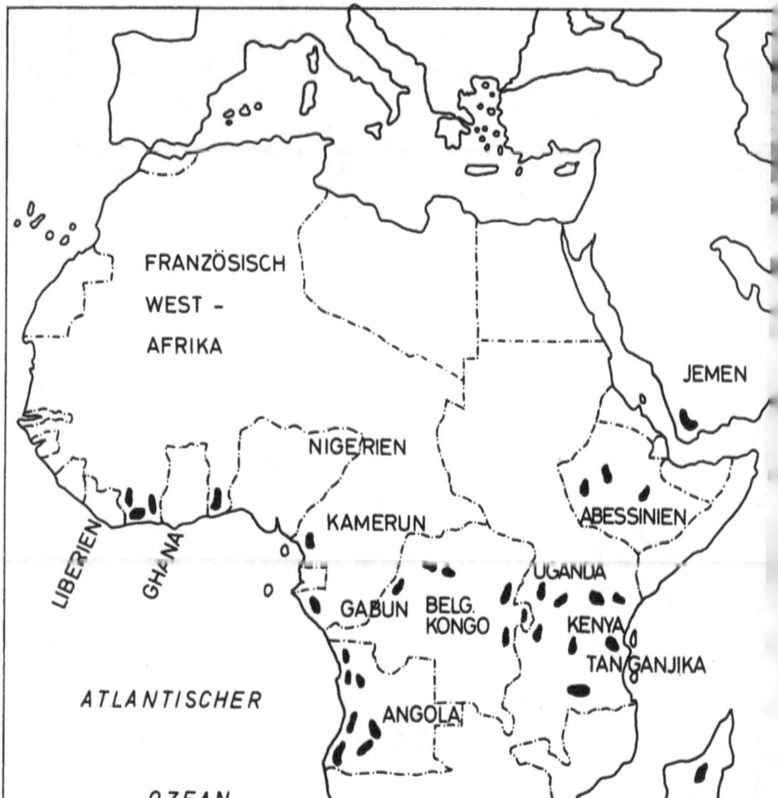
FRANZÖSISCH
WEST -
AFRIKA
JEMEN
NIGERIEN
ABESSINIEN
KAMERUN
LIBERIEN
GHANA
UGANDA
GABUN
BELG.
KONGO
KENYA
TANGANJIKA
ATLANTISCHER
ANGOLA
OZEAN
MOZAMBIQUE
MADAGASKAR

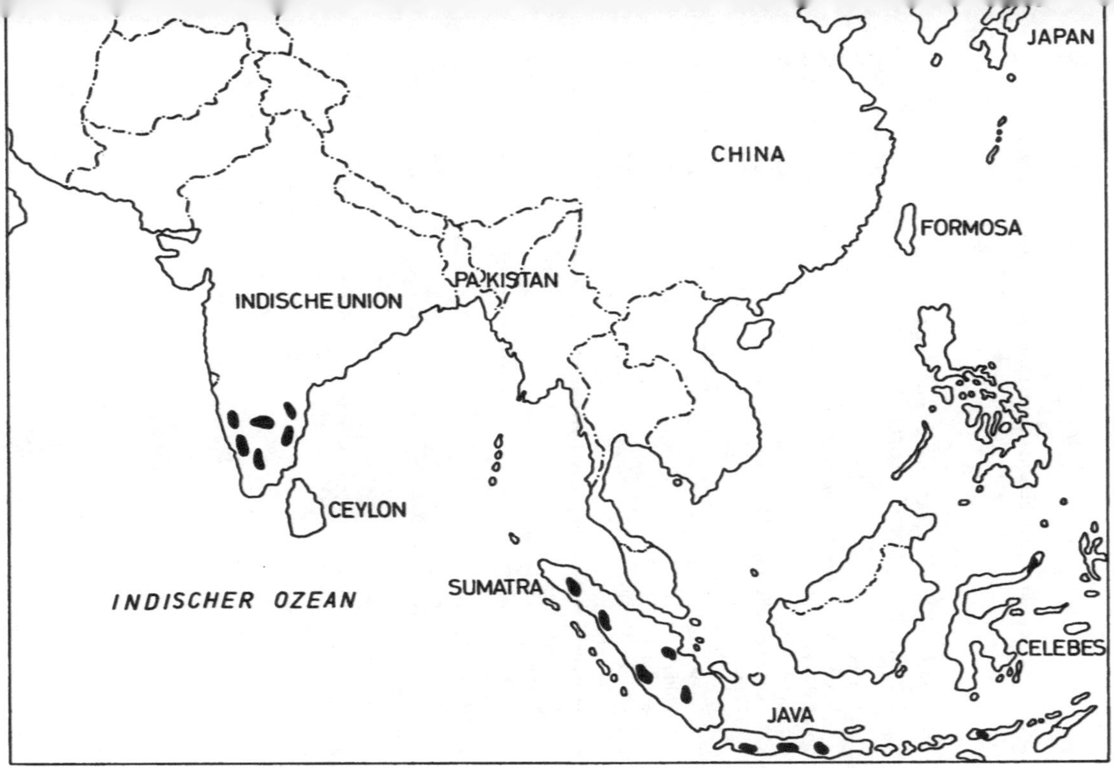

JAPAN
CHINA
FORMOSA
PAKISTAN
INDISCHE UNION
CEYLON
SUMATRA
INDISCHER OZEAN
CELEBES
JAVA

Bestände der Hauptanbauländer an tragenden Bäumen
(Angaben in *Millionen*)

1931 lt. „Conselho Nacional de Café“, Rio de Janeiro
1957 lt. „Federacion Cafetalera de America“

	1931	1957
Angola	14.3	115
Belgisch-Kongo einschl. Ruanda-Urundi	—	86
Brasilien	2390	3186
Costa Rica	32.2	90
Dominikanische Republik	26	112
Ekuador	7.6	44
Franz.-West-Afrika	—	251
Guatemala	76.5	101
Haiti	34	68
Honduras	5.4	33
Indische Union	25.7	—
Indonesien	129	—
Jamaika	8	14
Kuba	27.6	79
Kolumbien	437	946
Kenya	6.3	31
Madagaskar	—	85
Mexiko	81.3	160
Nikaragua	28.8	82
Peru	3.6	15
El Salvador	72	151
Tanganjika	4.9	24
Uganda	18.3	91
Venezuela	155.9	390

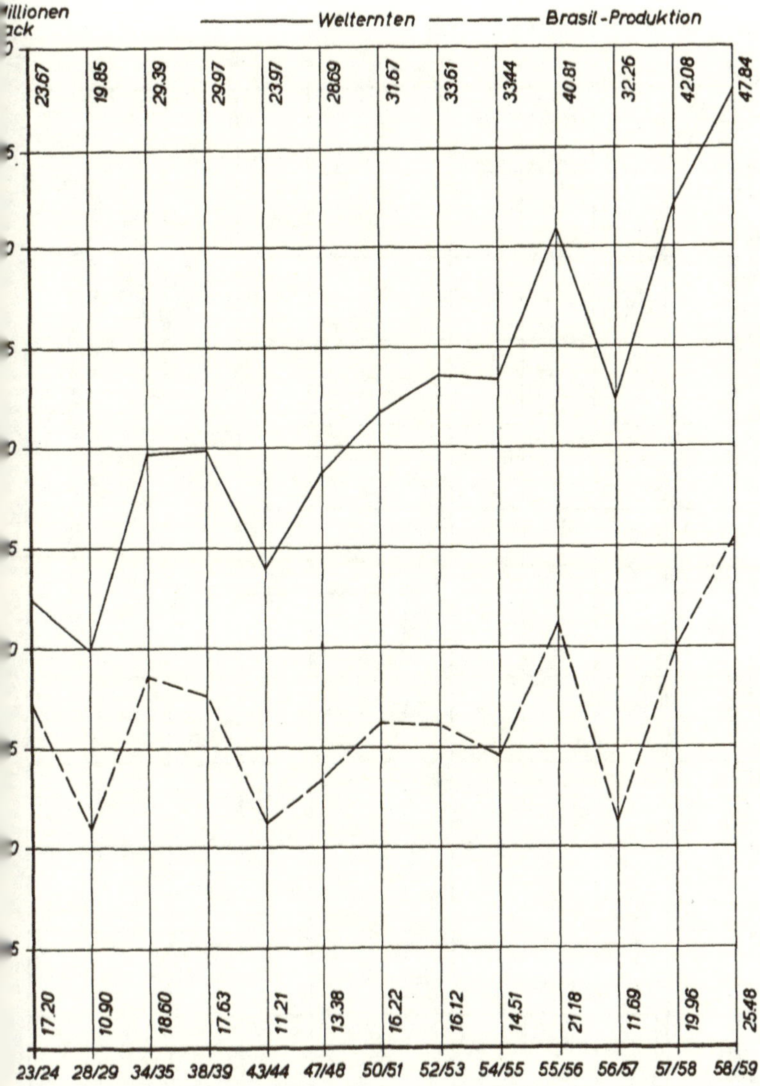

Der Umfang der Welternten wird nach wie vor von der Produktion Brasiliens bestimmt.

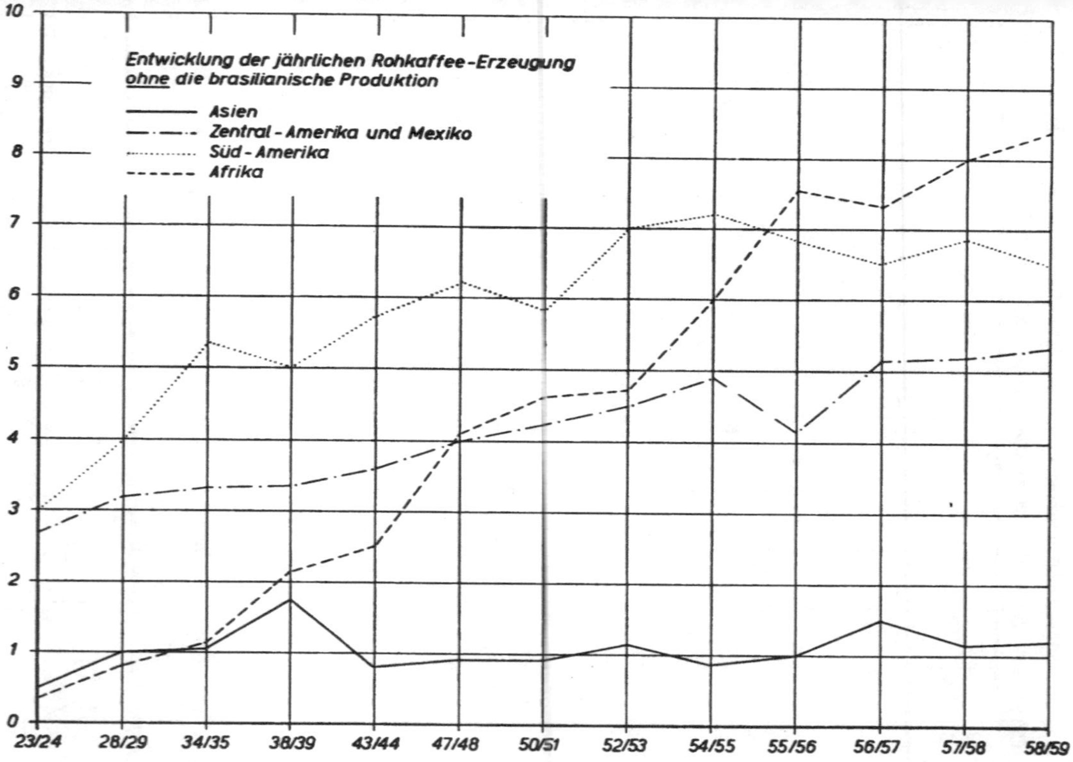

Entwicklung der jährlichen Rohkaffee-Erzeugung
ohne die brasilianische Produktion
Asien
Zentral - Amerika und Mexiko
Süd - Amerika
Afrika
0
1
2
3
4
5
6
7
8
9
10
23/24
28/29
34/35
38/39
43/44
47/48
50/51
52/53
54/55
55/56
56/57
57/58
58/59

Entwicklung der Rohkaffee-Erzeugung seit Kriegsende

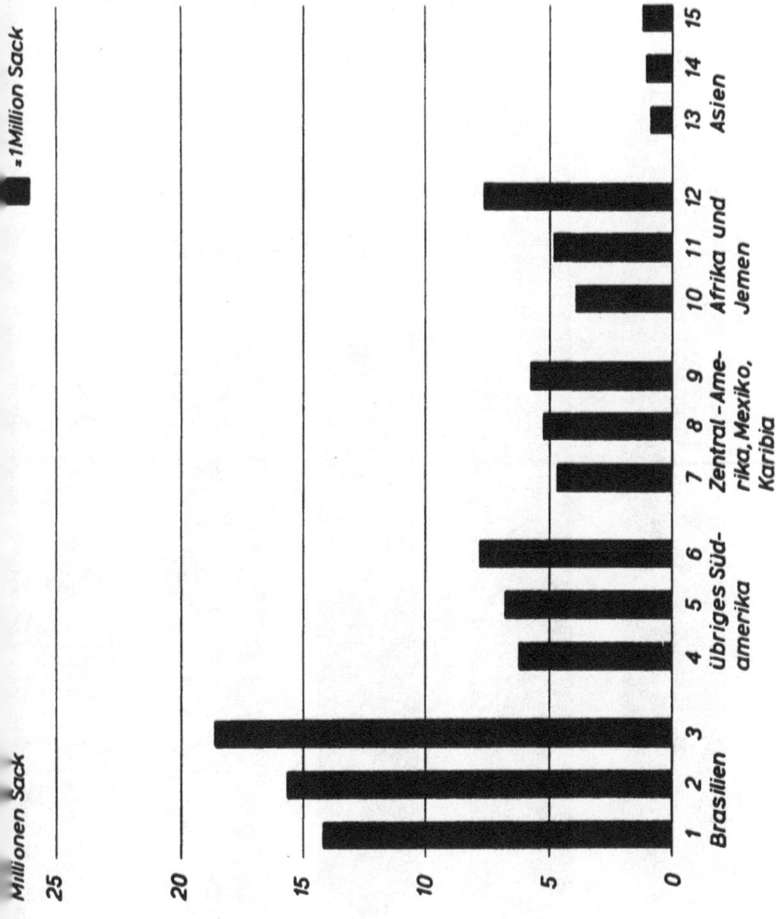

Die prozentualen Anteile der Länder-Großgruppen an der Kaffeeproduktion der Welt. (Dargestellt nach den Durchschnittserträgen einer jeweils fünfjährigen Ernteperiode.)

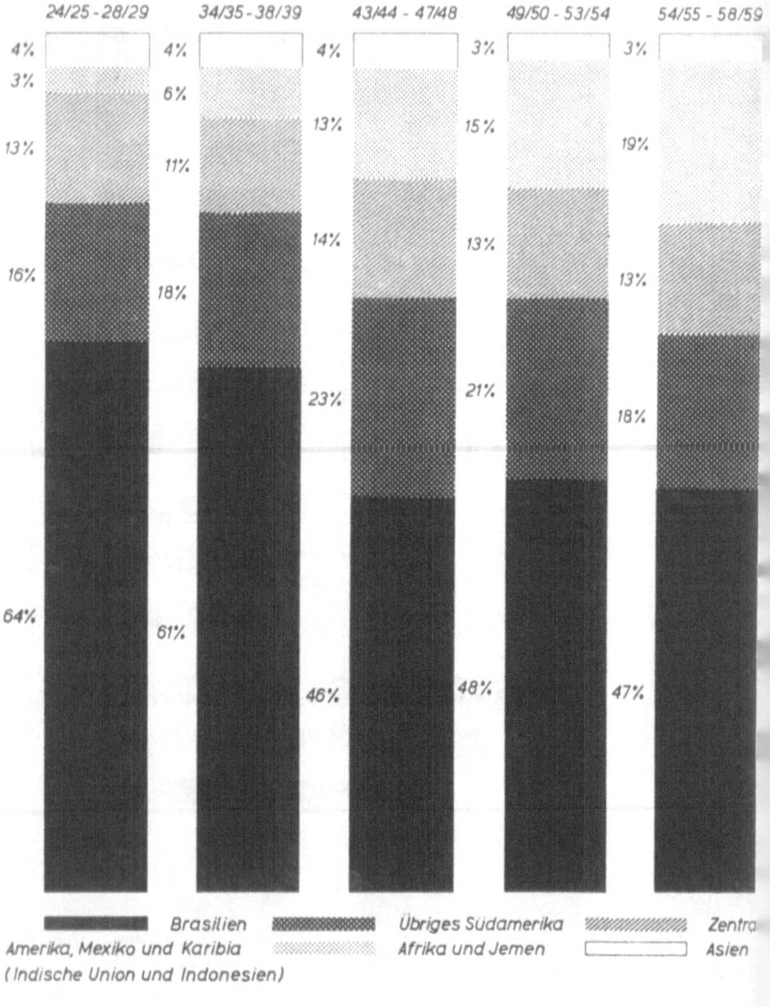

Durchschnittszahlen der jährlich für die Ausfuhren über See verfügbaren Mengen, ohne Küstenverkehr und Eigenverbrauch
(Mengenangaben in 1000 Sack zu 60 kg)

Erntejahre	1944/45—1948/49	1949/50—1953/54	1954/55—1958/59	Gesamt-Steigerung
	1	2	3	
Brasilien	14 200	15 700	18 600 Sack	
Steigerung	—	11 %	18 %	31 %
	4	5	6	
übriges **Südamerika**	6 240	6 750	7 740 Sack	
Steigerung	—	8,3 %	15 %	24 %
	7	8	9	
Zentral-Amerika, Mexiko u. Karibia	4 720	5 220	5 760 Sack	
Steigerung	—	11 %	10,5 %	22 %
	10	11	12	
Afrika u. Jemen	3 980	4 870	7 560 Sack	
Steigerung	—	23 %	55 %	90 %
	13	14	15	
Asien	840	1 030	1 150 Sack	
Steigerung	—	23 %	12 %	37 %

Schätzungen der für den Export verfügbaren Erntemengen I
(Mengenangaben in 1000 Sack zu je 60 kg)

Erntejahr:	1923/24	1928/29	1934/35	1938/39	1943/44	1947/48	1949/50
Abessinien	98	186	208	222	283	361	608
Angola	72	104	186	271	479	776	774
Belg.-Kongo[1])	3	14	101	386	530	765	536
Brasilien	17 200	10 900	18 600	17 630	11 206	13 380	16 300
Costa Rica	303	326	340	387	286	461	338
Ekuador	96	122	206	219	224	265	216
Franz.-Afrika[2])	2	12	45	98	411	766	1 037
Guatemala	553	685	730	830	934	1 042	1 050
Honduras	15	263	210	137	156	240	184
Indische Union	58	73	114	134	418	267	343
Indonesien	416	935	914	1 614	436	554	832
Kenya	26	85	105	225	154	232	174
Kolumbien	2 060	2 560	4 206	4 056	4 851	5 240	5 620
Madagaskar	24	56	91	98	112	335	487
Mexiko	675	706	920	863	960	886	1 004
Nikaragua	296	226	221	203	206	287	415
El Salvador	885	1 012	860	965	1 071	1 084	1 365
Tanganjika	21	67	81	171	117	178	134
Uganda	91	256	317	674	461	699	524
Venezuela	776	1 260	936	772	672	779	518
	23 670	19 850	29 390	29 970	23 970	28 690	32 460

[1]) einschl. Ruanda-Urundi [2]) Elfenbeinküste mit Gabun und Dahomey

Schätzungen der für den Export verfügbaren Erntemengen II
(Mengenangaben in 1000 Sack zu je 60 kg)

Erntejahr:	1950/51	1951/52	1952/53	1953/54	1954/55	1955/56	1956/57	1957/58	1958/59
Abessinien	520	420	648	580	685	880	758	810	878
Angola	810	920	946	1 195	986	1 316	1 410	1 240	1 290
Belg.-Kongo[1]	596	580	614	584	669	756	910	1 160	1 275
Brasilien	16 216	14 880	16 120	15 210	14 510	21 180	11 685	19 960	25 480
Costa Rica	320	310	474	330	512	372	582	660	750
Ekuador	422	330	400	310	392	370	520	485	485
Franz.-Afrika[2]	960	1 160	975	1 360	1 400	1 810	1 750	1 760	2 010
Guatemala	945	1 025	945	980	1 010	925	1 080	1 220	1 175
Honduras	210	160	165	190	195	220	235	210	300
Indisch. Union	300	310	375	215	130	130	260	195	150
Indonesien	575	715	800	675	715	915	1 275	985	1 050
Kenya	248	286	194	225	356	445	340	400	380
Kolumbien	4 720	5 600	5 750	6 720	6 275	6 060	5 610	6 860	6 450
Madagaskar	510	430	695	736	700	875	845	875	780
Mexiko	1 140	1 075	1 410	1 390	1 625	1 260	1 415	1 510	1 315
Nikaragua	310	338	350	380	365	340	375	390	375
El Salvador	1 280	1 120	1 125	970	1 165	1 070	1 430	1 180	1 380
Tanganjika	224	235	162	188	296	330	295	325	375
Uganda	675	780	530	645	948	1 190	1 250	1 360	1 400
Venezuela	580	765	925	420	550	368	515	475	530
	31 670	31 450	33 610	33 300	33 440	40 810	32 260	42 080	47 840

[1]) einschl. Ruanda-Urundi [2]) Elfenbeinküste mit Gabun und Dahomey

Ausfuhren der Hauptanbauländer I
(Mengenangaben in 1000 Sack zu je 60 kg)

	1924	1929	1934	1938	1946	1948	1950
Abessinien		154	208	174	237	298	335
Angola	69	101	168	273	635	735	626
Belg.-Kongo[1])	3	14	93	369	546	509	554
Brasilien	14 220	14 280	14 160	16 630	15 600	17 490	14 835
Costa Rica	273	286	292	382	282	379	312
Dominik. Rep.					254	225	223
Ekuador	96	121	206	203	189	231	335
Franz.-Afrika[2])	2	12	45	84	505	1 069	962
Guatemala	539	627	704	818	878	805	919
Haiti					411	379	390
Honduras	14	222	187	114	62	54	102
Indische Union				62	73	39	64
Indonesien				816	411	333	224
Jemen					79	83	86
Kenya							
Kolumbien	29	86	106	207	181	262	170
Kuba	2 060	2 560	4 120	3 780	5 588	5 582	4 472
Madagaskar	24	56	86	84	376	332	749
Mexiko	619	628	837	714	561	524	765
Nikaragua	210	194	186	159	196	240	349
Peru					17	14	14
El Salvador	834	983	796	887	855	976	1 107
Tanganjika	23	65	81	149	138	173	258
Uganda	87	248	316	663	544	645	573
Venezuela	776	1 010	914	684	665	596	310
Gesamt:	19 878	21 647	23 505	27 252	29 283	31 973	28 734

[1]) einschl. Ruanda-Urundi [2]) Elfenbeinküste mit Gabun und Dahomey

Ausfuhren der Hauptanbauländer II
(Mengenangaben in 1000 Sack zu je 60 kg)

	1951	1952	1953	1954	1955	1956	1957	1958
Abessinien	273	340	715	632	637	554	731	658
Angola	1 074	794	1 193	761	965	1 499	1 267	1 317
Belg.-Kongo[1])	591	514	566	563	725	867	1 102	1 156
Brasilien	16 357	15 820	15 562	10 919	13 694	16 804	14 319	12 883
Costa Rica	310	334	465	363	463	391	492	771
Dominik. Rep.	290	441	334	390	406	440	361	423
Ekuador	272	341	306	349	384	412	482	505
Franz.-Afrika[2])	1 050	1 190	940	1 579	1 581	2 139	1 682	1 901
Guatemala	848	1 007	1 156	884	982	1 029	1 074	1 205
Haiti	417	539	372	517	349	462	322	547
Honduras	137	136	187	153	147	196	168	189
Ind. Union	18	36	16	169	60	119	177	228
Indonesien	397	303	536	621	384	958	849	454
Jemen	92	111	91	119	117	123	92	98
Kenya	168	291	240	181	291	496	365	427
Kolumbien	4 794	5 032	6 632	5 752	5 867	5 088	4 824	5 441
Kuba					75	339	190	148
Madagaskar	507	697	603	689	788	874	804	797
Mexiko	865	871	1 267	1 112	1 368	1 251	1 449	1 312
Nikaragua	267	304	337	286	351	279	366	382
Peru	39	45	79	74	114	115	184	275
El Salvador	1 061	1 099	1 148	993	1 197	1 132	1 271	1 399
Tanganjika	276	319	248	322	296	379	295	356
Uganda	771	706	604	613	1 269	1 136	1 422	1 336
Venezuela	308	498	739	434	497	388	461	585
Gesamt:	31 182	31 768	34 336	28 475	33 007	37 470	34 749	35 293

[1]) einschl. Ruanda-Urundi [2]) Elfenbeinküste mit Gabun und Dahomey

Prozentualer Anteil der Länder-Großgruppen an den Gesamtausfuhren aller führenden Kaffeestaaten.
(Mengenangaben in 1000 Sack zu 60 kg netto)

	Zentral-Amerika Mexiko u. Karibia	Brasilien	übriges Südamerika	Afrika m. Jemen	Asien	Gesamt
1924	2 489	14 220	2 932	237	—	19 878
	= 12.5 %	= 71.6 %	= 14.7 %	= 1.2 %	—	
1929	2 940	14 280	3 691	736	—	21 647
	= 13.5 %	= 67.6 %	= 16.5 %	= 2.4 %	—	
1934	3 002	14 160	5 240	1 103	—	23 505
	= 12.8 %	= 60.2 %	= 22.3 %	= 4.7 %	—	
1938	3 074	16 630	4 667	2 003	878	25 252
	= 11.3 %	= 61.0 %	= 17.1 %	= 7.4 %	= 3.2 %	
1946	3 499	15 600	6 459	3 241	484	29 283
	= 11.9 %	= 53.1 %	= 22.1 %	= 11.2 %	= 1.7 %	
1948	3 582	17 490	6 423	4 106	372	31 973
	= 11.2 %	= 54.3 %	= 19.5 %	= 13.8 %	= 1.2 %	
1950	4 167	14 835	5 131	4 313	288	28 734
	= 14.5 %	= 51.6 %	= 17.8 %	= 15.0 %	= 1.1 %	
1951	4 195	16 357	5 413	4 802	415	31 182
	= 13.5 %	= 52.5 %	= 17.3 %	= 15.4 %	= 1.3 %	
1952	4 731	15 820	5 916	4 962	339	31 768
	= 14.9 %	= 49.8 %	= 18.6 %	= 15.6 %	= 1.1 %	
1953	5 266	15 562	7 756	5 200	552	34 336
	= 15.3 %	= 45.3 %	= 22.6 %	= 15.2 %	= 1.6 %	
1954	4 698	10 919	6 609	5 459	790	28 475
	= 16.5 %	= 38.3 %	= 23.2 %	= 19.2 %	= 2.8 %	
1955	5 338	13 694	6 862	6 696	444	33 007
	= 16.1 %	= 41.5 %	= 20.8 %	= 20.2 %	= 1.4 %	
1956	5 180	16 804	6 342	8 067	1 077	37 470
	= 13.8 %	= 44.9 %	= 16.9 %	= 21.5 %	= 2.9 %	
1957	5 693	14 319	5 951	7 760	1 026	34 749
	= 16.4 %	= 41.2 %	= 17.1 %	= 22.4 %	= 2.9 %	
1958	6 376	12 883	7 353	8 046	682	35 293
	= 18.1 %	= 36.2 %	= 20.9 %	= 22.9 %	= 1.9 %	

Anteilige Erzeugung und Ausfuhr der „Coffea"-Großgruppen in Afrika

	1958	
	Arabica	**Robusta**
Abessinien	100 %	—
Angola	4 %	96 %
Belgisch-Köngo u. Ruanda-Urundi	33 %	67 %
Franz.-West-Afrika	6 %	94 %
Kenya	100 %	—
Madagaskar	3 %	97 %
Tanganjika	65 %	35 %
Uganda	5 %	95 %

Prozentualer Anteil der Brasil-Kaffees an den

	Weltausfuhren	**deutschen Importen**
1898	60.6 %	65.1 %
1905	68.1 %	71.1 %
1913	70.9 %	70.7 %
1922	61.1 %	72.1 %
1928	67.3 %	44.5 %
1932	63.5 %	44.9 %
1946	53.1 %	—
1950	51.6 %	37.6 %
1951	52.5 %	39.7 %
1952	49.8 %	53.3 %
1953	45.3 %	45.7 %
1954	38.3 %	42.2 %
1955	41.5 %	31.6 %
1956	44.9 %	35.3 %
1957	41.2 %	27.4 %
1958		18.8 %

Nach den Ermittlungen der FAO betrug der Anteil des Kaffees am Gesamtausfuhr-Erlös des Jahres 1958 in Brasilien 66 %, Kolumbien 84 %, El Salvador 88 % und in Guatemala 77 %. In Mexiko war der Kaffee wertmäßig mit nur 16 % am Exportvolumen beteiligt.

Die 28 Anbauländer

Abessinien (Äthiopien), angegliedert Erythrea als Bundesstaat
Kaiserreich

Fläche: 1 290 000 qkm	Bevölkerung: 20 Millionen
Hauptstadt: Addis Abeba	Amtssprache: Amharisch

Gruppe: „C. arabica"
Art der Aufbereitung: s. unten
Anbauzonen: Provinz *Djimma* und *Kaffa* („Djimma-, Gore-, Kaffa-, Gimbi-, Lekempti-, Dembidolla"-Kaffees trockener Aufbereitung aus Wildernten)
Provinz *Sidamo* („Sidamo"-Kaffees trockener Aufbereitung aus Wildernten)
Provinz *Harrar* (gewaschene Plantagen-Kaffees)
Klassifizierung: „Djimmas" und „Sidamos" als *„Abyssinians"* handpicked, Types Nos. 3, 4 und 5. „Harrars" als *„Harrar Shortberry"* und *„Harrar-Longberry"*
Anbauhöhen: Djimma und Sidamo 1300 bis 1700 m ü. d. M. — Harrar 1800 bis 1900 m ü. d. M.
Erntezeiten: Januar bis April (Haupternte), November bis Dezember (Nebenernte)
Gesamtertrag: 720 000 Sack p. a. (geschätzt), *Jahres-Ausfuhr:* 651 000 Sack (beides Jahresmittel 1954 bis 1958, gerechnet auf Säcke zu je 60 kg)
Verschiffungshäfen: Djibouti und Aden

Angola

Portugiesische Kolonie

Fläche: 1 247 000 qkm Bevölkerung: ca. 4 360 000

Hauptstadt: São Paulo de Luanda Amtssprache: Portugiesisch

Gruppe: „C. robusta" (ca. 4 % der Ernten „C. arabica")

Art der Aufbereitung: trocken

Anbaudistrikte: Bembe, Encoge, Golungo, Malange, Libolo, Ambriz, Amboim, Novo Redondo u. a.

Klassifizierung: nach dem Regulativ der „Junta de Exportacão do Café Colonial", *Fehlerzahl* per 1 lb. Rohmuster: Type 1 = 0, Type 2 = 1 bis 6, Type 3 = 7 bis 13, Type 4 = 14 bis 29, Type 5 = 30 bis 59, Type 6 = 60 bis 110, Type 7 = 111 bis 165 Fehler

Anbauhöhen: 500 bis 1100 m ü. d. M.

Erntezeiten: Juni bis September

Gesamtertrag: 1 195 000 Sack p. a., *Jahres-Ausfuhr* 1 148 000 Sack (beides Jahresmittel 1954 bis 1958, gerechnet auf Säcke zu je 60 kg)

Verschiffungshäfen: Ambriz, Luanda, Novo Redondo, Benguela, Lobito-Bay

Belgisch-Kongo mit **Ruanda-Urundi**

Belgische Kolonie, Ruanda-Urundi UN-Mandat
Hauptstadt: Leopoldville Amtssprachen: Französisch und Flämisch
Fläche: 2 398 000 qkm Bevölkerung: 17,6 Millionen
Gruppen: „C. arabica“ und „C. robusta“
Art der Aufbereitung: gewaschen und trocken
Anbauzonen: im Altteil der Kolonie Kivu, Ituri, Uele und Stanleyville sowie Ruanda-Urundi
Handelssorten: gewaschene Kivu- und Ituri-*Arabicas* (850 bis 1450 m ü. d. M.), gewaschene („washed“) und trocken aufbereitete („naturals“)
Robustas (450 bis 950 m. ü. d. M.) sowie gewaschene *Arabicas* der Klasse Ruanda-Urundi (800 bis 1500 m ü. d. M.)
Klassifizierung und Handelsbezeichnungen:

„Arabica-Kivu“ („O.P.A.C.“) „Arabica-Ituri“ („O.P.A.S.“)	Nr. 1 bis 3 = erste Wahl, Nr. 4 und 5 = zweite Wahl, Nr. 7 gleich Rohtriage, Nr. 8 = trocken aufbereitet, Nr. 9 = Maragogype

Robustas gewaschen = „W“ Nr. 1 bis 3 } nach Bohnengröße
Robustas trocken = „N“ Nr. 1 bis 3 } separiert
Arabicas aus Ruanda-Urundi („O.C.I.R.U.“), gewaschen, Nr. 1 bis 3 = Flachbohnen nach Größe separiert, Nr. 4 und 5 = Rohtriage enthaltend, „CA“ = Perlbohnen
Erntezeiten: Juni bis September
Gesamtertrag: 696 000 Sack p. a., Jahres-Ausfuhr 667 000 Sack (beides Jahresmittel 1954 bis 1958, gerechnet auf Säcke zu je 60 kg)
Verschiffungshäfen: Matadi, Mombasa und Daressalaam

Brasilien (Republica dos Estados Unidos do Brasil)
Fläche: 8 516 000 qkm Bevölkerung: 62,7 Millionen
Regierungssitz: Distrito Federal de Rio de Janeiro
Amtssprache: Portugiesisch
Gruppe, Varietät und Unterart: „C.arabica" (Flachbohne, Perl und Maragogype) sowie Santos-Bourbon
Art der Aufbereitung:
trocken (geringe Mengen gewaschen — „lavado")
Anbaustaaten, Handelsbezeichnungen und Verschiffungshäfen:

São Paulo	— „Santos"	— Santos	„weiche" Brasils
Paraná	— „Paranás"	— Paranaguá	
Minas Gerães	— „Minas"	— Rio de Janeiro	„harte" Brasils
Espirito Santo	— „Victorias"	— Victoria	
Rio de Janeiro	— „Rios"	— Rio de Janeiro	
Bahia	— „Bahias"	— Bahia	
Pernambuco	— „Pernambucos"	— Recife	

Klassifizierung nach Bohnengröße (s. Tabelle „Absiebung"):

Nr. 20 bis 19 1/2	— sehr großbohnig	— 8 u. 7 3/4 mm
Nr. 19 bis 18 1/2	— besonders großbohnig	— 7 1/2 u. 7 1/4 mm
Nr. 18	— großbohnig	— 7 mm
Nr. 17	— derbbohnig	— 6 3/4 mm
Nr. 16	— gutbohnig	— 6 1/2 mm
Nr. 15	— mittelbohnig	— 6 mm
Nr. 14	— kleinbohnig	— 5 1/2 mm
Nr. 13 bis 10	— Perlbohnen	— 5 1/4 bis 4 mm

Klassifizierung nach Zahl der Fehlbohnen per lb. Rohmuster:
Type Nr. 2 = 6 Fehler = „Extra Special" oder „Fancy"
Type Nr. 3 = 13 Fehler = „Extraprime bis Prime"
Type Nr. 4 = 29 Fehler = „Prime bis Superior"
Type Nr. 5 = 60 Fehler = „Superior bis Good"
Type Nr. 6 = 115 Fehler = „Good bis Regular"

Umgerechnet auf den Grundfehler einer schwarzen Bohne gelten für je einen gleich großen Fehler: 3 Hornschalen oder 5 unreife bzw. zerbrochene oder 2 taube Bohnen oder 3 kleine Hülsen oder 3 Steinchen oder 3 Holzstückchen usw.
Klassifizierung nach Tassenqualität: „strictly soft" (absolut weich), „soft" (weich), „mild taste" (von mildem Geschmack), „fine or good cup" (feine oder gute Tasse), „Rio flavour" („harter" Rio-Geschmack).
Nach dem Verhalten beim Rösten: „fine or good roast" (feiner oder guter Röster), *nach der Farbe des Rohguts:* „green or greenish" (grün oder grünlich), „lightish green" (hellgrünlich), „medium colour" (von mittlerer Farbe), „yellowish or pale" (gelblich oder abgeblaßt)
Anbauhöhen: 400 bis 850 m ü. M.
Erntezeiten: Santos, Paraná, z. T. auch Minas Juni bis September, Rio und andere Zentral- bzw. Nord-Staaten Mai bis September
Gesamtertrag: 15 760 000 Sack p.a., *Jahres-Ausfuhr:* 14 280 000 Sack (beides Jahresmittel 1954 bis 1958, Säcke zu je 60 kg)
Verschiffungshäfen: s. unter „Anbaustaaten"

Kaffee-Verlesung am Ursprung

Als im Jahre 1945 die „Federacion Cafetalera" mit der Festsetzung neuer Standard-Typen verfügte, daß hinfort alle Klassen „unseparated and unpolished" zur Verschiffung gelangen würden, handelte es sich um nichts weiter als den Versuch, ein Gewohnheitsrecht zu fixieren, das sich während des Krieges bei kleinen Ernten, knappem Frachtraum, Arbeitermangel und steigenden Löhnen gebildet hatte. Wenn diese Vereinfachung, die alle Wünsche der Käufer hinsichtlich der Aufbereitung und äußeren Beschaffenheit unberücksichtigt ließ, den Pflanzern und Abladern damals hochwillkommen war, so haben sich die Dinge seitdem grundlegend geändert. Der gewaltige Überhang an Kaffee-Stocks in aller Welt hat den Käufermarkt wieder zu seinem Recht kommen lassen: der Einfuhrhandel besteht auf altgewohnten Spezialaufbereitungen und verlangt das Beste, was die Märkte nur zu bieten vermögen. Vor zehn Jahren noch hätte diesem Bild kaum jemand Modell stehen können.

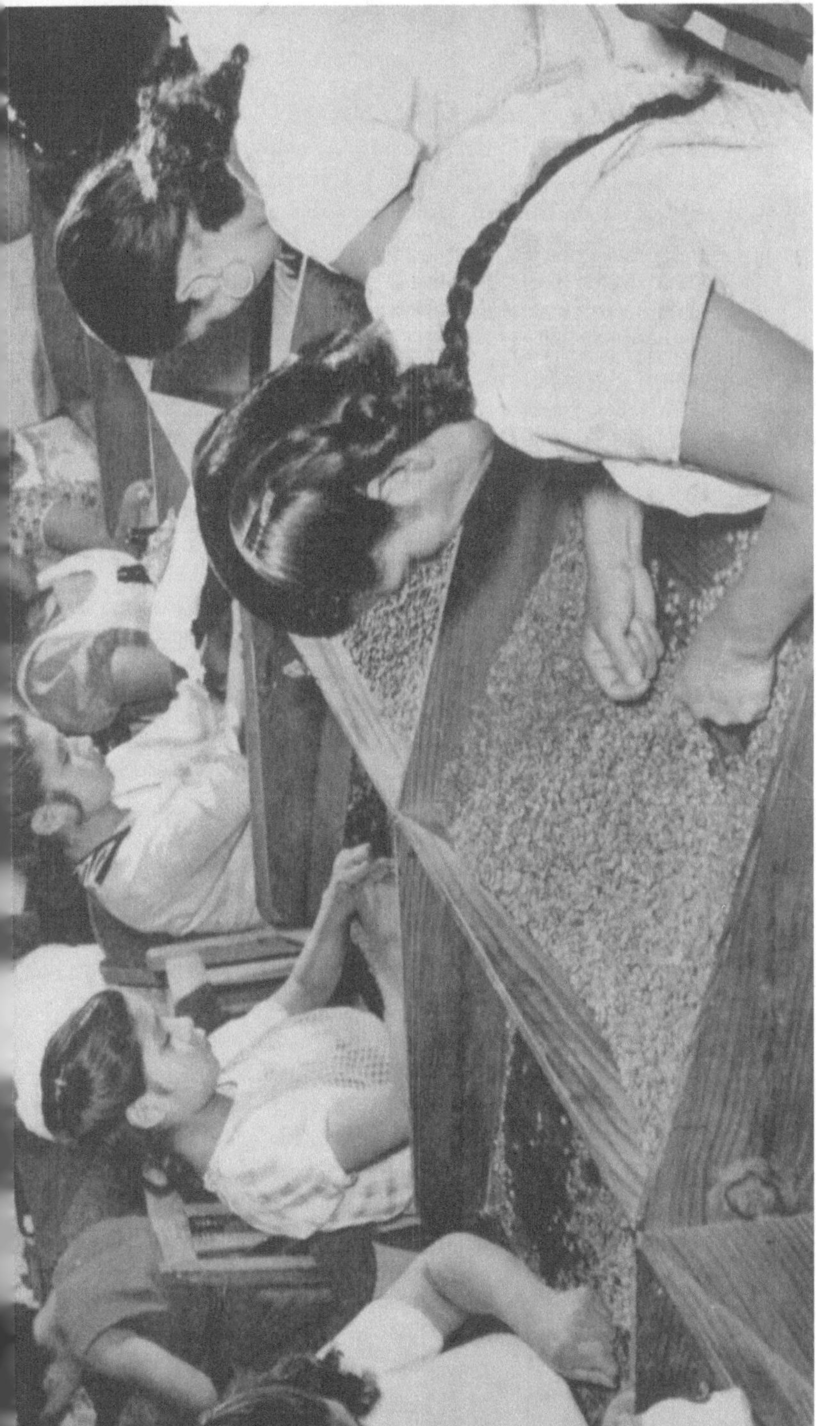

Costa Rica (República de Costa Rica)
Fläche: 51 011 qkm Bevölkerung: 1,1 Mill.
Hauptstadt: San José (320 000 E.) Amtssprache: Spanisch
Gruppe, Varietäten und Nebenart: „C.arabica" (Flachbohnen, Perl und Maragogype) sowie Bourbon
Art der Aufbereitung: gewaschen
Klassifizierung nach Anbauzonen:

Meseta Central „HB" = Hard Bean (1100 bis 1450 m ü. M.)
„SHB" = Strictly Hard Bean (1400 bis 1750 m ü. M.)
Atlantische Zone „LGA" = Low Grown Atlantic (850 bis 950 m ü. M.)
„HGA" = High Grown Atlantic (950 bis 1550 m ü. M.)

Handelsbezeichnungen nach Herkunftsdistrikten:

„HB" — Heredia, San Ramon, Alajuela, San Joaquin, San José, Naranjo Puriscal und Grecia
„SHB" — Tres Rios, Tarrazu, Cartago, Guadelupe, Curridabat, La Uruca und San Ramon
„LGA" — Turrialba und Juan Vinas
„HGA" — Santiago, Cartago, Cachi, Tucurrique, Las Mesas, Orosi und Santa Cruz

Erntezeiten: „Meseta Central" Oktober bis Januar, „Atlantische Zone" August bis Dezember
Gesamtertrag: 454 000 Sack p. a., *Jahres-Ausfuhr:* 436 000 Sack (beides Jahresmittel 1954 bis 1958, gerechnet auf Säcke zu je 60 kg)
Verschiffungshäfen: Puerto Limón und Puntarenas

Dominikanische Republik (República Dominicana)
Fläche: 48 730 qkm Bevölkerung: 2,8 Mill.
Hauptstadt: Ciudad Trujillo (221 000 E.) Amtssprache: Spanisch
Gruppe: „C.arabica"
Art der Aufbereitung: gewaschen (nur geringe Mengen trocken)
Anbaudistrikte und Handelsnamen: Santiago, La Vega, Trujillo, Azua und Barahona
Handelsbezeichnung nach Art der Aufbereitung: gewaschene Provenienzen „Santo Domingo Lavados", trocken aufbereitet „Santo Domingo Corrientes"
Anbauhöhen: 850 bis 1300 m ü. M.
Erntezeiten: November bis Februar
Gesamtertrag: 411 000 Sack p. a., *Jahres-Ausfuhr:* 396 000 Sack (beides Jahresmittel 1954 bis 1958, gerechnet auf Säcke zu je 60 kg)
Verschiffungshäfen: Puerto Plate und Barahona

Ekuador (República del Ecuador)
Fläche: 270 670 qkm Bevölkerung: 4,1 Millionen
Hauptstadt: Quito (220 000 E.) Amtssprache: Spanisch
Gruppe: „C. arabica"
Art der Aufbereitung: gewaschen („washed" — „lavado") und trocken („naturals" — „corrientes")
Anbauprovinzen und Handelsnamen: El Oro („Santa Rosa"), Guayas („Guayas"), Los Rios („Balzapambas"), Manabi („Jipijapas"), Esmeraldas („Esmeraldas"), Manglaralto („Cuchiveras") und Zaruma
Handelsbezeichnungen nach Bohnenform und Größe:

„Unico" — großbohnig, handverlesen
„Medio" — mittelbohnig, handverlesen
„Nudos" — mittelbohnig mit maximal 6 % Einwurf
„Caracol" — Perlkaffee, handverlesen

Anbauhöhen: 950 bis 1800 m ü. M.
Erntezeiten: August bis Dezember
Gesamtertrag: 495 000 Sack p. a., *Jahres-Ausfuhr:* 386 000 Sack (beides Jahresmittel 1954 bis 1958, gerechnet auf Säcke zu je 60 kg)
Verschiffungshafen: Guayaquil

Französisch-West- und Äquatorial-Afrika
(Republiken im Verband der „Union Française")
Elfenbeinkünste A.O.F. 319 000 qkm (Abidjan — ca. 2,5 Mill. E.)
Gabun A.E.F. 267 000 qkm (Libreville — ca. 1,3 Mill. E.)
Dahomey A.O.F. 113 000 qkm (Porto Novo — ca. 0,9 Mill. E.)
Gruppen und Nebenarten: „C. robusta" (mit „C. canephora", „C. excelsa" und „C. liberica") mit geringen Mengen „C. arabica"
Art der Aufbereitung: trocken (kaum gewaschen)
Klassifizierung: nach dem Regulativ der Terminbörse in Le Havre Anzahl der Fehler in 300 Gramm Rohmuster: Nr. 1 — ohne, Nr. 2 — 1 bis 6, Nr. 3 — 7 bis 13, Nr. 4 — 14 bis 29, Nr. 5 — 30 bis 59, Nr. 6 — 60 bis 110, Nr. 7 — 111 bis 165
Anbauhöhen: 450 bis 1100 m ü. M.
Erntezeiten: Juli bis November bzw. Oktober bis Januar
Von der Gesamternte fallen 85 % der Erzeugung auf das Gebiet der Elfenbeinküste. *Jahres-Ausfuhr:* 1 439 000 Sack (Jahresmittel 1954 bis 1958, gerechnet auf Säcke zu je 60 kg)

Guatemala (República de Guatemala)
Fläche: 108 900 qkm   Bevölkerung: 3,5 Mill.
Hauptstadt: Guatemala-City (319 000 E.)   Amtssprache: Spanisch
Gruppe, Varietät und Nebenart: „C. arabica" (Flachbohne, Perl und Maragogype) sowie Bourbon
Art der Aufbereitung: gewaschen
Anbau-Departemente und Handelsnamen:

Alta Verapaz	—	„Coban-, San Pedro-, Carcha-Kaffees"
San Marcos	—	„Rodeo-, Reforma-, Tumbador-, Quetzal-Kaffees"
Solola	—	„San Lucas-, Tolima-Kaffees"
Quetzaltenango	—	„Colomba-, Palmar-, Costa Cuca-Kaffees"
Retalhuleu	—	„San Carlos, San Felice-Kaffees"
Amatitlan	—	„Villa Canale-Kaffees"
Escuintla	—	„Guanagazapa-, Pacava-Kaffees"
Amatitlan	—	„Amatitlan-Kaffees"

Klassifizierung nach Höhenlagen:

„Standard Central"	—	950 bis 1300 m ü. M.
„High Grown Central"	—	1300 bis 1500 m ü. M.
„Strictly High Grown Central"	—	1500 bis 1950 m ü. M.

Erntezeiten: September bis März
Gesamtertrag: 998 000 Sack p. a., *Jahres-Ausfuhr:* 992 000 Sack (beides Jahresmittel 1954 bis 1958, gerechnet auf Säcke zu 60 kg)
Verschiffungshäfen: Puerto Barrios, Champerico und San José

Haiti (Republique d'Haiti)
Fläche: 27 750 qkm   Bevölkerung: 3,4 Millionen
Hauptstadt: Port au Prince (435 000 E.)
Amtssprachen: Französisch und Kreolisch
Gruppe: „C. arabica"
Art der Aufbereitung: gewaschen
Anbau-Provinzen: Marmelda und Miragoane
Handelsklassen: 1. Sorte „Extra Supérieur", 2. Sorte „Supérieur" und 3. Wahl „Choix"
Klassifikation nach Bohnengröße:

kleinbohnig — XX und XXX
mittelbohnig — XXG
großbohnig — XXXX, XXXXX und „BB"

Anbauhöhen: 850 bis 1200 m ü. M.
Erntezeiten: November bis Januar
Gesamtertrag: 428 000 Sack p. a., *Jahres-Ausfuhr:* 411 000 Sack (beides Jahresmittel 1954 bis 1958, gerechnet auf Säcke zu 60 kg)
Verschiffungshäfen: Port au Prince und Cap Haitien

Hawaii (50. Bundesstaat der USA)
Fläche: 167 000 qkm   Bevölkerung: 612 000
Hauptstadt: Hilo   Amtssprache: Englisch
Gruppe: „C. arabica"
Art der Aufbereitung: gewaschen
Anbaugebiete: Distrikte von Nord- und Süd-Kona
Handelsbezeichnungen: 1. Qualität: „Kona No. 1 Extra Fancy Top Grade", 2. Qualität: „Extra Prime" und Perlbohnen: „Peaberries"
Anbauhöhen: 250 bis 700 m ü. M.
Erntezeiten: November bis Februar
Gesamtertrag: 38 600 Sack (Schnitt 1954 bis 1958 — Säcke zu 60 kg)
Verschiffungshafen: Hilo

Honduras (República de Honduras)
Fläche: 112 100 qkm Bevölkerung: 1,8 Millionen
Hauptstadt: Tegucigalpa Amtssprache: Spanisch
Gruppe: „C. arabica"
Art der Aufbereitung: gewaschen und trocken
Anbauprovinzen: Olancho, Santa Barbara, Copan, Comayagua, La Paz, Paraiso und Choluteca
Handelsbezeichnungen: gewaschene Klassen „Washed Honduras", trocken aufbereitete „Natural Honduras" („Corrientes")
Klassifizierung nach Höhenlagen:

„Low Grown"	—	300 bis 950 m ü. M.
„Standard"	—	950 bis 1300 m ü. M.
„High Grown"	—	1300 bis 1500 m ü. M.

Erntezeit: Oktober bis April
Gesamtertrag: 205 000 Sack p. a., *Jahres-Ausfuhr:* 171 000 Sack (beides Jahresmittel 1954 bis 1958, gerechnet auf Säcke zu 60 kg)
Verschiffungshäfen: Puerto Cortez und Amapala

Indische Union (India — Bharat)
Republik und Mitglied des Commonwealth
Fläche: 3 323 000 qkm Bevölkerung: 388 Millionen
Regierungssitz: Neu-Delhi Amtssprachen: Hindi und Englisch
Gruppen: „C. arabica" und „C. robusta"
Art der Aufbereitung: gewaschen und trocken
Anbau-Staaten: Mysore, Coorg, Malabar, Nilgiri, Madras, Coimbatore
Handelsnamen:
Arabicas-*gewaschen:* „Mysore-Bababudams", „Malabar-Wynaad", „Nilgiri-Naidubattam", „Madras-Shevaroys", „Coimbatore-Anamalais" und „Nelliampathis"
Arabicas *trocken* aufbereitet: „Malabar" und „Mysore Cherry Flats"
Robustas *gewaschen:* „Robusta Parchment"
Robustas *trocken* aufbereitet: „Robusta Cherries"
Klassifizierung der Arabicas nach Bohnengröße:

gewaschene Klassen, großbohnig	—	„Plantation A"
mittelbohnig	—	„Plantation B"
Perl	—	„Plantation PB"
trocken aufbereitet, großbohnig	—	„Malabar AA Monsoon"
kleinbohnig	—	„Mysore Bassanelly Monsoon"

Anbauhöhen: 950 bis 1450 m ü. M.
Erntezeiten: Haupternte Oktober bis Januar, Nebenernte Juli bis September
Gesamtertrag: 221 000 Sack p. a., *Jahres-Ausfuhr:* 78 000 Sack (beides Jahresmittel 1954 bis 1958, gerechnet auf Säcke zu 60 kg)
Verschiffungshäfen: Madras, Mangalore, Tellicherry und Calicut

Indonesien (Indonesia Seikat)
Republik

Fläche: 1 492 000 qkm   Bevölkerung: 87 Millionen
Hauptstadt: Djakarta   Amtssprache: Malaiisch (Bahasa)

Gruppen: „C. robusta“ (ca. 89 % der Erzeugung), „C. arabica“

Handelsbezeichnungen:
gewaschene Java-Robustas: „W.I.B.“
trocken aufbereitete Sumatra-Robustas: „G.B.“ („Palembang, Benkoelen, Corintji und Alam“)
gewaschene Java-Arabicas: „W.I.B.“ („Goenong, Gending, Soember, Blawan, Kalisat und Panthoer“)
trocken aufbereitete Sumatra-Arabicas: „G.B.“ („Siboga, Angkola, Padang und Mandheling“)
trocken aufbereitete Celebes-, Timor- und Bali-Arabicas: „G.B.“

Klassifizierung:
Arabicas mit prozentualem Anteil an Einwurf

Robustas:	3 bis 6 % Fehlbohnen	— EK I
	7 bis 9 % Fehlbohnen	— EK II
	10 bis 12 % Fehlbohnen	— EK III

Anbauhöhen: 750 bis 1750 m ü. M.

Erntezeiten: Haupternte August bis Oktober, Nebenernte Mai bis Juli

Gesamtertrag: 858 000 Sack p. a., *Jahres-Ausfuhr:* 754 000 Sack (beides Jahresmittel 1954 bis 1958, gerechnet auf Säcke zu 60 kg)

Verschiffungshäfen: Medan, Sibolga, Telong-Betok, Djakarta und Tandjong-Priok

Jamaika (Britischer Kolonialbesitz)

Fläche: 11 424 qkm — Bevölkerung: 1.5 Millionen
Hauptstadt: Kingston — Amtssprache: Englisch
Gruppe: „C. arabica"
Art der Aufbereitung: gewaschen und trocken
Handelsbezeichnungen:
gewaschene Arabicas — „Blue Mountains / „Prime Jamaica Washed" } Typen Nr. 1 bis 4, „A" und „B"
trocken aufbereitet: „Jamaica Naturals"
(Der Name der Anbaudistrikte St. Andrew, Portland, St. Thomas, Manchester und Clarendon wird im Handel nicht genannt.)
Anbauhöhen: 850 bis 1600 m ü. M.
Erntezeiten: Oktober bis Januar
Gesamtertrag: 56 500 Sack p. a., *Jahres-Ausfuhr:* 28 600 Sack (beides Jahresmittel 1954 bis 1958, gerechnet auf Säcke zu 60 kg)
Verschiffungshafen: Kingston

Jemen (Königreich auf der Arabischen Halbinsel)

Fläche: etwa 195 000 qkm — Bevölkerung: 4,5 Millionen
Hauptstadt: Sana — Amtssprache: Arabisch
Gruppe: „C. arabica" (Standortvarietät)
Art der Aufbereitung: gewaschen
Handelsbezeichnungen nach Anbaudistrikten:
„Hodeidahs", „Sananis", „Sharkies", „Mataris" und „Jaffeys"
Anbauhöhen: 900 bis 1600 m ü. M.
Erntezeiten: Januar bis April
Gesamtanfall: 64 000 Sack p. a., *Jahres-Ausfuhren:* nicht genau erfaßbar, da große Teile der abessinischen Ernten als „Arabians" über Aden verschifft werden.
Ausfuhrhäfen: Hodeidah und Aden

Kenya (Britische Kronkolonie und Protektorat)
Fläche: 582 620 qkm Bevölkerung: 6,4 Millionen
Hauptstadt: Nairobi Amtssprache: Englisch
Gruppe: „C. arabica" (Bourbon-ähnliche Standort-Varietät)
Art der Aufbereitung: gewaschen
Anbaugebiet: Kikuyu-Province (Kiambu, Embu, Thika und Ruira)
Klassifizierung nach Bohnengröße und Qualität:

„AA" — besonders großbohnig
„A" — großbohnig
„B" — mittelbohnig
„C" — kleinbohnig
„E" — Elefanten („Bullheads")
„AF" — großbohnig, Rohtriage enthaltend
„PB" — Perlbohnen
„UG" — gesund, alle Größenklassen gemischt („Ungraded")
„TT" — alle Größenklassen gemischt, Rohtriage enthaltend
„CT" — Terzen mit Rohtriage

Anbauhöhen: 1400 bis 1650 m ü. M.
Erntezeiten: September bis Januar
Gesamtertrag: 310 000 Sack p. a., *Jahres-Ausfuhr:* 301 000 Sack (beides Jahresmittel 1954 bis 1958, gerechnet auf Säcke zu 60 kg)
Verschiffungshafen: Mombasa

Kolumbien (República de Columbia)

Fläche: 1 138 000 qkm   Bevölkerung: 13,5 Millionen

Regierungssitz: Bogotá (724 000 E.)   Amtssprache: Spanisch

Gruppe, Varietät und Nebenart: „C. arabica" (Flachbohne, Perl und Maragogype) sowie Bourbon

Art der Aufbereitung: gewaschen

Handelsbezeichnung nach Anbau-Departement (u./o. Zentralpunkten der Schälanstalten):

Magdalena („Santa Marta-Kaffees")
Norte de Santander („Cucuta- und Ocana-Kaffees")
Antioquia („Medellin-Kaffees")
Santander („Bucaramanga-Kaffees")
Caldas („Manizales-, Armenia- und Caldas-Kaffees")
Cundinamarca („Bogotá-, Girardot- und Honda-Kaffees")
Tolima („Libano-, Tolima-, Honda- und Girardot-Kaffees")
Valle („Sevilla-Kaffees")
Cauca („Popayan- und Cauca-Kaffees")
Huila („Girardot- und Neiva-Kaffees")
Narino („Narino-Kaffees")

Klassifizierung nach Absiebungsgrößen:

„Supremo" — Sieb 17 und 18, ohne Perl
„Extra" — Sieb 15 und 16, ohne Perl
„Excelso" — Sieb 15 bis 18, Perl enthaltend
„Caracol" bzw. „Caracoli" — groß- bzw. kleinbohniger Perl

Anbauhöhen: 1100 bis 1900 m ü. M.

Erntezeiten:	*Haupternte*	*Zwischenernte*
Bogotá, Girardot und Neiva	April—Juli	Sept.—Januar
Honda und Libano	März—Juni	Nov.—Januar
Medellin und Manizales	Okt.—Januar	März—Mai
Armenia und Cucuta	März—Mai	April—Juni

Gesamtertrag: 6 120 000 Sack p. a., *Jahres-Ausfuhr:* 5 640 000 Sack (beides Jahresmittel 1954 bis 1958, gerechnet auf Säcke von 60 kg)

Verschiffungshäfen: Santa Marta, Baranquilla und Cartagena (Atlantik), Buenaventura und Tumaco (Pazifik)

Kuba (República de Cuba)
Fläche: 114 520 qkm Hauptstadt: Havana (870 000 E.)
Bevölkerung: 6,5 Millionen Amtssprache: Spanisch
Gruppe: „C. arabica"
Art der Aufbereitung: Dreiviertel der Ernten gewaschen
Anbauprovinzen und Handelsnamen: Oriente, Las Villas und Pinar del Rio („Guantanamo-, Santa Clara- und Vuelta Abeja-Kaffees")
Anbauhöhen: 850 bis 1100 m ü. M.
Erntezeiten: November bis Januar
Gesamtertrag: 431 000 Sack p. a., *Jahres-Ausfuhr:* 122 000 Sack, (beides Jahresmittel 1954 bis 1958, gerechnet auf Säcke zu 60 kg)
Verschiffungshäfen: Havana und Santiago de Cuba

Madagaskar (Republik Malagash in der „Union Française")
Fläche: 589 000 qkm Hauptstadt: Tananarive (194 000 E.)
Bevölkerung: 4,9 Millionen Amtssprache: Französisch
Gruppe: „C. robusta" (mit Nebengruppen „C. canephora", „C. excelsa" und „C. kouilouensis")
Art der Aufbereitung: zu mehr als 90 % trocken aufbereitet
Klassifizierung (nach dem Regulativ der Terminbörse von Le Havre): Anzahl der Fehler per 300 Gramm Rohmuster

Nr. 1 — ohne,
Nr. 2 — 1 bis 6,
Nr. 3 — 7 bis 13,
Nr. 4 — 14 bis 29,
Nr. 5 — 30 bis 59,
Nr. 6 — 60 bis 110,
Nr. 7 — 111 bis 165

Anbauhöhen: 500 bis 950 m ü. d. M.
Erntezeiten: Juni bis Oktober
Gesamtertrag: 771 000 Sack p. a., *Jahres-Ausfuhr:* 753 000 Sack (beides Jahresmittel 1954 bis 1958, gerechnet auf Säcke zu je 60 kg)
Verschiffungshafen: Tamatave

Mexiko (Estados Unidos de Mexico)
Fläche: 1 969 000 qkm Bevölkerung: 32,3 Millionen
Hauptstadt: Mexico-City (3 090 000 E.) Amtssprache: Spanisch
Gruppe: „C. arabica"
Art der Aufbereitung: gewaschen
Anbau-Staaten und Handelsnamen (Produktionsanteile in Klammern):

Vera Cruz (36 %)	—	(„Orizaba-, Coatepec-, Cordoba-, Huatusco- und Jalapa-Kaffees")
Chiapas (36 %)	—	(„Sierra Madre-, Tapachula-, Huixtla-, Arriaga- und Soconusco-Kaffees")
Oaxaca (13 %)	—	(„Pluma- und Oaxaca-Kaffees")

Die Ernten der Anbau-Staaten San Luis Potosi, Guerrero, Hidalgo, Michoacan und Puebla gehen fast restlos in den Eigenverbrauch Mexikos.
Klassifizierung nach Höhenlagen:

„Low Grown Central" („Central Bajio")	—	300 bis 950 m ü. M.
„Standard Central" („Central Standard")	—	950 bis 1300 m ü. M.
„High Grown Central" („Central Altura")	—	1300 bis 1500 m ü. M.
„Strictly High Grown Central" („Central Estrictamente Altura")	—	1500 bis 1800 m ü. M

Erntezeiten:	*Haupternte*	*Nebenernte*
Vera Cruz	Dezemb.—Februar	Oktob.—November
Chiapas	Nov.—Februar	Sept.—Okt.
Oaxaca	Januar—März	Oktober—Nov.

Gesamtertrag: 1 484 000 Sack p. a., *Jahres-Ausfuhr:* 1 292 000 Sack (beides Jahresmittel 1954 bis 1958, gerechnet auf Säcke zu 60 kg)
Verschiffungshäfen: Vera Cruz, Puerto Angel, Puerto Escondido, Salina Cruz und Acapulco

Nikaragua (República de Nicarágua)
Fläche: 148 000 qkm　　Bevölkerung: 1,3 Mill.
Hauptstadt: Manágua　　Amtssprache: Spanisch
Gruppe: „C. arabica"
Art der Aufbereitung: für Export nur gewaschene Sorten
Anbaugebiete und Handelsnamen:
Nueva Segovia, Jinotega, Esteli und Matagalpa — „Matagalpas"
Boaco, Carazo und Managua — „Washed Nicaraguans"
Klassifizierung nach Höhenlagen:

„Standard Central"	—	950 bis 1200 m ü. M.
„High Grown Central"	—	1250 bis 1400 m ü. M.
„Strictly High Grown Central"	—	1450 bis 1600 m ü. M.

Erntezeiten: September bis Februar
Gesamtertrag: 363 000 Sack p. a., *Jahres-Ausfuhr:* 325 000 Sack (beides Jahresmittel 1954 bis 1958, gerechnet auf Säcke von 60 kg)
Verschiffungshafen: Corinto

Peru (República de Peru)
Fläche: 1 311 000 qkm　　Bevölkerung: 10,2 Millionen
Hauptstadt: Lima　　Amtssprache: Spanisch
Gruppe: „C. arabica"
Art der Aufbereitung: gewaschen (trocken aufbereitete Sorten nur für den Eigenverbrauch)
Anbau-Departements: Piura, Cajamarca, Lambayaque, Huanusco, Junin und Cuzco
Handelsnamen: nach Anbaugebieten
Anbauhöhen: 650 bis 1450 m ü. M.
Erntezeiten: Juli bis September
Gesamtertrag: 112 000 Sack p. a., *Jahres-Ausfuhr:* 105 000 Sack (beides Jahresmittel 1954 bis 1958, gerechnet auf Säcke zu 60 kg)
Verschiffungshäfen: Callao und Iquitos

Porto Rico (Puertorico)
Territorium der Vereinigten Staaten
Fläche: 89 000 qkm Bevölkerung: 2,3 Millionen
Hauptstadt: San Juan Amtssprache: Spanisch und Englisch
Gruppe: „C. arabica"
Art der Aufbereitung: gewaschen
Anbaudistrikte: Utuado, Lares, Las Marias, Mayaguez, Ponce und Ciales
Anbauhöhen: 950 bis 1200 m ü. M.
Erntezeiten: November bis Januar
Gesamtertrag: 218 000 Sack p. a., *Jahres-Ausfuhr:* 109 500 Sack (beides Jahresmittel 1954 bis 1958, gerechnet auf Säcke von 60 kg)
Verschiffungshäfen: Ponce und San Juan

El Salvador (República de El Salvador)
Fläche: 20 877 qkm Bevölkerung: 2,4 Millionen
Hauptstadt: San Salvador (211 000 E.) Amtssprache: Spanisch
Gruppen: „C. arabica" sowie eine Kreuzzucht zwischen Arabica und Bourbon („Nacional Salvadoreno")
Art der Aufbereitung: gewaschen, mit geringen Mengen trocken aufbereiteter Lose
Anbau-Departements: Santa Ana, Ahuachapan, Sonsonate, Libertad, Usulutan, San Salvador, San Miguel und La Paz
Klassifizierung nach Anbauhöhen:

„Standard Central"	—	950 bis 1300 m ü. M.
„High Grown Central"	—	1300 bis 1500 m ü. M.
„Strictly High Grown Central"	—	1500 bis 1850 m ü. M.

Erntezeiten: November bis März
Gesamtertrag: 1 157 000 Sack p. a., *Jahres-Ausfuhr:* 1 149 000 Sack (beides Jahresmittel 1954 bis 1958, gerechnet auf Säcke zu 60 kg)
Verschiffungshäfen: Acajutla, La Libertad und La Union

Tanganjika (UN-Mandat unter britischer Verwaltung)

Fläche: 939 360 qkm — Bevölkerung: 8,9 Millionen

Hauptstadt: Daressalaam — Amtssprache: Englisch

Gruppen: „C. arabica" (ca. 64 %), „C. robusta" (ca. 36 %)

Art der Aufbereitung: gewaschen und trocken

Anbaugebiete:

gewaschene Arabicas gewaschene und trocken	— Kilimandscharo-Distrikt, Provinz Usambara und Rungwe-Distrikt („Matengos")
aufbereitete Arabicas	— Provinz Bukoba
gewaschene und trocken aufbereitete Robustas	— Provinz Bukoba

Klassifizierung:

bei Arabicas nach Bohnengröße: „AA" — besonders großbohnig, „A" — großbohnig, „B" — mittelbohnig, „C" — kleinbohnig, bei Robustas nach Art der Aufbereitung:
„washed" — gewaschen, „unwashed" — trocken aufbereitet,
„scrubbed and cleaned" — geschrubbt und gereinigt

Anbauhöhen: 1100 bis 1600 m ü. M.

Erntezeiten: September bis Januar

Gesamtertrag: 235 000 Sack p. a., *Jahres-Ausfuhr:* 227 000 Sack (beides Jahresmittel 1954 bis 1958, gerechnet auf Säcke von 60 kg)

Verschiffungshäfen: Mombasa und Daressalaam

Uganda (Britisches Protektorat)
Fläche: 243 400 qkm Bevölkerung: 5,8 Millionen
Hauptstädte: Kampala und Entebbe Amtssprache: Englisch
Gruppen: „C. robusta" (ca. 94 %), „C. arabica" (ca. 6 %)
Art der Aufbereitung: gewaschen und trocken
Anbaugebiete und Handelssorten:

Mbale-Mount Elgon — gewaschene „Bugishu"-Arabicas
Toro-Fort Portal — gewaschene Robustas
Buganda-Province — trocken aufbereitete Robustas

Klassifizierung:
„Bugishus" nach Bohnengröße: „AA" — besonders großbohnig, „A" — großbohnig, „B" — mitelbohnig, „C" — kleinbohnig
Bei Robustas je nach Herkunft: „European grown" (von Europäer-Pflanzungen), „Native grown" (von Eingeborenen-Pflanzungen), außerdem „washed" (gewaschen), „unwashed" (trocken aufbereitet), beide Klassen mit Zusatz „f.a.q." („fair average quality")
Anbauhöhen: 800 bis 1600 m ü. M.
Erntezeiten: September bis Dezember
Gesamtertrag: 926 000 Sack p. a., *Jahres-Ausfuhr:* 902 000 Sack (beides Jahresmittel 1954 bis 1958, gerechnet auf Säcke zu 60 kg)
Verschiffungshafen: Mombasa

Venezuela (Estados Unidos de Venezuela)

Fläche: 912 000 qkm Amtssprache: Spanisch
Hauptstadt: Caracas (760 000 E.) Bevölkerung: 6,3 Millionen

Gruppe: „C. arabica"

Art der Aufbereitung: gewaschen und trocken

Anbau-Provinzen und Handelsnamen:

Maracaibo	— („Maracaibo-Kaffees")
Tachira	— („Tovar-Kaffees")
Merida	— („Merida-Kaffees")
Trujillo	— („Trujillo- und Bocono-Kaffees")
Puerto Cabello	— („Puerto Cabello-Kaffees")
Aragua	— („Aragua- und Lara-Kaffees")
Caracas	— („Caracas-Kaffees")
Miranda	— („Miranda-Kaffees")

Klassifizierung nach Bohnengrößen:

„Superior"	— 1st Flats — „A" — großbohnig
„Segunda"	— 2nd Flats — „B" — mittelbohnig
„Tercera"	— 3rd Flats — „C" — kleinbohnig
„Caracol"	— „Peaberries" — Perlkaffee

Anbauhöhen: 850 bis 1850 m ü. M.

Erntezeiten: Juli bis September (Nebenernte)
November bis Februar (Haupternte)

Gesamtertrag: 560 000 Sack p. a., *Jahres-Ausfuhr:* 507 000 Sack (beides Jahresmittel 1954 bis 1958, gerechnet auf Säcke zu 60 kg)

Verschiffungshäfen: Maracaibo, Puerto Cabello und La Guaira

Höhenlagen bekannter Pflanzungen

in *Mexiko* (M), *El Salvador* (S) und *Costa Rica* (C)
(Die Klassifizierung nach den Typen der „Federacion" ist *nicht* berücksichtigt)

Abeja (S)	1050 m ü. M.
A H A (C)	1250 „ „ „
A J S A (C)	1150 „ „ „
Alameda (C)	1100 „ „ „
Alfaro (C)	1200 „ „ „
Alfaro/Especial (C)	1200 „ „ „
Alianza (M)	850 „ „ „
Alicia (M)	800 „ „ „
B H Argentina (S)	1550 „ „ „
Alvarez El Molino (S)	1200 „ „ „
Alta Vista (S)	1450 „ „ „
Antonio Nexapa (M)	600 „ „ „
Apanteos (S)	950 „ „ „
Aquiares P R (C)	1000 „ „ „
Aquiares Heights (C)	1000 „ „ „
A R C A (C)	1100 „ „ „
A R (C)	1200 „ „ „
Argovia (M)	750 „ „ „
Atapasco (S)	1200 „ „ „
Ateos (S)	1050 „ „ „
Atirro C W W (C)	650 „ „ „
Aurora (M)	750 „ „ „
Badenia (M)	550 „ „ „
Balila (S)	1350 „ „ „
Bellavista F W (C)	1350 „ „ „
B N C R / San Isidro (C)	800 „ „ „
B O H Tarrazu (C)	1600 „ „ „
Borgo H G (S)	1550 „ „ „
Borgo (S)	1150 „ „ „
Buena Vista (S)	1100 „ „ „
Buenos Aires (S)	1500 „ „ „
Cachi C W (C)	1100 „ „ „
Canessa Amea (S)	1000 „ „ „
Canessa Loli (S)	1050 „ „ „
Carbonal (C)	1100 m ü. M.
Carmen (S)	1100 „ „ „
Caulotillo (S)	1050 „ „ „
Chanjul (M)	1150 „ „ „
Chicharras (M)	1000 „ „ „
Chilata (S)	1100 „ „ „
Chinica (M)	1150 „ „ „
Covadonga (M)	1150 „ „ „
C. R. Santa Rosa (S)	1150 „ „ „
Cubana (S)	1200 „ „ „
Cusco (S)	1250 „ „ „
Custepec (M)	1150 „ „ „
Dorindama (S)	950 „ „ „
Echeverria A K (C)	1000 „ „ „
El Congo (C)	900 „ „ „
El Molino (Windmill) (C)	1450 „ „ „
El Quequeisque (S)	1350 „ „ „
El Retiro (M)	650 „ „ „
El Rif (C)	1400 „ „ „
El Rincon (M)	500 „ „ „
El Sitio P R (C)	1400 „ „ „
El Tope (S)	1550 „ „ „
El Vergel (M)	950 „ „ „
Escalon (S)	1100 „ „ „
E L V / S I (C)	1150 „ „ „
E L V / S I Especial (C)	1150 „ „ „
Esmeralda (M)	650 „ „ „
Espana (M)	850 „ „ „
Esperanza (M)	950 „ „ „
Etna (S)	1050 „ „ „
Europa (M)	900 „ „ „
C F Orlich Altura (C)	1100 „ „ „
F F P Montecristo (C)	950 „ „ „
F T Q Sabanilla (C)	1250 „ „ „

Genova (M)	1000 m ü. M.
Germania (M)	1150 „ „ „
G M 3 (S)	1050 „ „ „
G M D C 3 (S)	1050 „ „ „
Gloria (M)	1400 „ „ „
G O La Nela (C)	1150 „ „ „
Grecia (M)	500 „ „ „
Guadelupe (C)	1250 „ „ „
Guadelupe (M)	1050 „ „ „
Guanajuato (M)	1000 „ „ „
Guarari Heights (C)	950 „ „ „
Guatemoc (M)	750 „ „ „
Hamburgo (M)	1150 „ „ „
Hanover (M)	750 „ „ „
Hidalgo (M)	1000 „ „ „
Himalaya (S)	1600 „ „ „
H R G El Colorado (C)	900 „ „ „
H T / M (C)	1150 „ „ „
I B V (C)	1050 „ „ „
I F A (S)	1300 „ „ „
I L V / S I (C)	1150 „ „ „
Independencia (M)	600 „ „ „
Irlanda (M)	1100 „ „ „
I R R / F (C)	1250 „ „ „
J Dent (C)	1150 „ „ „
J L V / S I Especial (C)	1200 „ „ „
J S La Laguna (C)	1250 „ „ „
J Hill (S)	1100 „ „ „
Joya (M)	1050 „ „ „
Joya Prieto (S)	1050 „ „ „
Jorco J Z C (C)	1250 „ „ „
Jorco J Z C Especial (C)	1300 „ „ „
Juan Vinas (C)	1000 „ „ „
Julio Sanchez L (C)	1100 „ „ „
Julio Sanchez L / S C (C)	1150 „ „ „
Judit (S)	1250 „ „ „
Koberg Superior (C)	1250 „ „ „
La Caja (C)	1050 „ „ „
La Cecilia S C (C)	700 „ „ „
La China (S)	1350 „ „ „
La Delia B M (C)	1100 m ü. M.
La Esperanza W S (C)	950 „ „ „
La Esmeralda B M (C)	1100 „ „ „
La Fortuna (M)	950 „ „ „
La Isabel (C)	650 „ „ „
La Joya (S)	1050 „ „ „
La Labor (S)	950 „ „ „
La Laguna (S)	1200 „ „ „
La Laguna (M)	500 „ „ „
La Libertad (M)	600 „ „ „
La Luisa Sarchi (C)	1300 „ „ „
La Margotita F C (C)	650 „ „ „
La Pacifica F C (C)	1100 „ „ „
La Paz (C)	1100 „ „ „
La Perla (S)	1400 „ „ „
La Raya (C)	1150 „ „ „
La Roncha (C)	750 „ „ „
La Uruca N E (C)	1000 „ „ „
La Verbena (C)	1150 „ „ „
Las Concavas (C)	1200 „ „ „
Las Conchas (S)	1050 „ „ „
Las Joyas (C)	650 „ „ „
Las Mesas (C)	1000 „ „ „
Las Palmas (C)	1050 „ „ „
Las Trojas (C)	1000 „ „ „
Las Trojas Superior (C)	1050 „ „ „
L B San Francisco (C)	1150 „ „ „
Libertad (M)	600 „ „ „
Liquidambar (M)	1150 „ „ „
Lonie (S)	1000 „ „ „
Los Cedros (S)	1150 „ „ „
Los Espanolitos (S)	1200 „ „ „
Lubeca (M)	1100 „ „ „
Magnolia (C)	1300 „ „ „
Malacara (S)	1550 „ „ „
Manon (S)	1450 „ „ „
Maravillas (M)	800 „ „ „
Mauri (S)	950 „ „ „
Max (S)	1200 „ „ „
M. D. Agua Caliente (S)	1000 „ „ „

M. D. La Labranza (S) .. 1050 m ü. M.
M D Santa Elena (S) .. 1100 „ „ „
Mecca (S) .... 1300 „ „ „
Mexiquito (M) .... 850 „ „ „
M F J Curridabat (C) .. 1125 „ „ „
Miramonte M G (C) .. 1200 „ „ „
Mirasol H G (S) ...... 1600 „ „ „
Mirasol (S) .... 1000 „ „ „
Mitsu (S) .... 1400 „ „ „
M M H (C) .... 1300 „ „ „
Monenda (S) .... 1100 „ „ „
Montana Azul (C) .... 1100 „ „ „
Montebello (C) .... 1050 „ „ „
Monte Perla (M) ...... 1000 „ „ „
Monte Redondo R Z (C) 1300 „ „ „
Monte Redondo R Z
Especial .... 1350 „ „ „
Monte Alegre (S) ...... 1050 „ „ „
Moreno (S) .... 1500 „ „ „
Morelia (M) .... 850 „ „ „
Moreno H G (S) ...... 1500 „ „ „
M V M (C) .... 1100 „ „ „
Naranjos (S) .... 1450 „ „ „
Norga (S) .... 1050 „ „ „
Orania (S) .... 950 „ „ „
Oropesa (C) .... 1200 „ „ „
Orotina (C) .... 1200 „ „ „
Palo Alto (S) .... 1100 „ „ „
Patria (M) .... 950 „ „ „
Pavas E R (C) .... 1100 „ „ „
Pejivalle (C) .... 650 „ „ „
Peru (M) .... 900 „ „ „
P H B Otono (C) ...... 1200 „ „ „
Piletas (S) .... 1050 „ „ „
P J A (C) .... 1000 „ „ „
P J Alfaro (C) .... 1000 „ „ „
Prusia (M) .... 1150 „ „ „
Queta (S) .... 1200 „ „ „
R A B Tres Rios (C) .... 1250 „ „ „
Raco (S) .... 1000 „ „ „

R E Orosi (C) .... 1100 m ü. M
R E San Gabriel (C) .... 1200 „ „ „
Refugio (M) .... 1450 „ „ „
Rio Claro (S) .... 1400 „ „ „
Rio Pirro C S Ch (C) .. 1100 „ „ „
Rio Virilla R H (C) .... 1100 „ „ „
Rio Zarco (S) .... 1450 „ „ „
Roble (S) .... 1100 „ „ „
Rosario (M) .... 500 „ „ „
Rosemount (C) .... 1200 „ „ „
R Q D Zapote (C) .... 1250 „ „ „
San Antonio (M) ...... 1250 „ „ „
San Carlos (M) .... 1150 „ „ „
San Carlos (S) .... 1450 „ „ „
San Christobalito (M) .. 1150 „ „ „
San Diego (C) .... 1300 „ „ „
San Geronimo (M) .... 1000 „ „ „
San Isidro (S) .... 1000 „ „ „
San José (M) .... 500 „ „ „
San Josecito (C) ...... 1100 „ „ „
San Juan (M) .... 1000 „ „ „
San Juanillo (C) ...... 1350 „ „ „
San L Vicente (C) ...... 1200 „ „ „
San Lorenzo (M) ...... 600 „ „ „
San Luis (M) .... 650 „ „ „
San Nicolas (M) ...... 1100 „ „ „
San Rafael G M G (C) .. 1100 „ „ „
San Rafael T C X ...... 1350 „ „ „
Santa Anita (M) .... 750 „ „ „
Santa Cruz (C) .... 1400 „ „ „
Santa Isabel (M) ...... 950 „ „ „
Santa Lucia (M) .... 950 „ „ „
Santa Lucia Especial (C) 1200 „ „ „
Santa Lucia Extra (C) .. 1200 „ „ „
Santa Lucia (S) .... 1100 „ „ „
Santa Rita (M) .... 850 „ „ „
Santa Rosa R P (C) .... 1100 „ „ „
Santa Rosa T G T (C) .. 800 „ „ „
Santa Rosalia (M) ...... 1150 „ „ „
Santana (S) .... 1100 „ „ „

Santiago C M (C) ...... 1100 m ü. M.
Sara (S) .... 1000 „ „ „
S A T (C) .... 1150 „ „ „
S D Santo Domingo (C) 1150 „ „ „
Shasta (S) .... 1400 „ „ „
S H C Barba (C) ...... 1300 „ „ „
Taxi (S) .... 1450 „ „ „
Torres (C) .... 1200 „ „ „
Trejos Escazu (C) ...... 1050 „ „ „
Tres Rios Malavasi (C) .. 1350 „ „ „
Tres Rios R H (C) .... 1300 „ „ „
Trinidad (C) .... 950 „ „ „
T K (S) .... 950 „ „ „

T U J San Marcos de Tarrazu (C) .... 1350 m ü. M.
T & C (C) .... 1200 „ „ „
Victoria (C) .... 1100 „ „ „
Volcan Barba Especial (C) .... 1300 „ „ „
Volcan Poas (C) .... 1200 „ „ „
V + C Bordeaux (C) .. 1100 „ „ „
Windmill (El Molino) (C) 1450 „ „ „
Zaragoza (C) .... 1100 „ „ „
Zetillal (C) .... 1300 „ „ „
Zurqui M C H (C) ...... 1300 „ „ „

Ergötzlich ist die Geschichte, die man sich aus der Regierungszeit des Königs Gustav III. von Schweden erzählt (1771—1792). Auch in Schweden wurde der Kaffee vorübergehend verboten. Nachdem dieses Verbot später wieder aufgehoben war, entspann sich eine erbitterte Fehde über den Vorzug von Kaffee oder Tee bzw. deren größere Schädlichkeit. König Gustav III. glaubte nun, diesem Streit auf überzeugende Art und Weise ein Ende bereiten zu können, indem er bestimmte, daß von zwei zum Tode verurteilten Zwillingsbrüdern der erstere täglich eine große Portion Tee und der zweite eine große Portion Kaffee zu trinken habe. Von den streitenden Parteien hatte jeweils ein Professor dieses Experiment zu überwachen, um einwandfrei festzustellen, welcher der beiden Missetäter von dem jeweiligen „Gift" zuerst ins Jenseits befördert würde. Nun vergingen Tage, Wochen, Monate und Jahre. Die Todeskandidaten tranken täglich ihre Portion Kaffee und Tee, ohne daß jedoch einer Anstalten machte, das Zeitliche zu segnen. Schließlich starb einer der Professoren, dann starb der zweite; der König wurde ermordet, und immer noch tranken die beiden Verbrecher ihre Portionen Kaffee und Tee, bis sie in hohem Alter von der Bühne des Lebens abtraten, ohne die These vom „Gift" im Kaffee und Tee bewiesen zu haben.

Aus *Gerhart Söhn, Von Mokka bis Espresso*

Die Standard-Typen der FEDECAME

Die „Federacion Cafetalera de America" (Vereinigung der Kaffeepflanzer von Amerika), der die Staaten Costa Rica, Kuba, Dominikanische Republik, Ekuador, El Salvador, Guatemala, Haiti, Honduras, Mexiko, Nikaragua, Panama, Peru, Porto Rico und Venezuela angehören, klassifiziert die Ernten der Mitgliederländer nach Höhenlagen, die allein ausschlaggebend sein sollen für den Ausfall und die Qualität des Fertigprodukts. Die einzelnen Klassen dieser „Standard-Typen" sind wie folgt eingeteilt:

„Low Grown Central" („Central Bajio")	
Fair Washed	300 bis 700 m ü. d. M.
Good Washed	700 bis 850 m ü. d. M.
Extra Good Washed	850 bis 950 m ü. d. M.
„Standard Central" („Central Standard")	
Prime Washed	950 bis 1100 m ü. d. M.
Extraprime oder Fancy Washed ..	1100 bis 1300 m ü. d. M.
„High Grown Central" („Central Altura")	
Semi Hard Bean	1300 bis 1400 m ü. d. M.
Hard Bean	1400 bis 1500 m ü. d. M.
„Strictly High Grown Central" („Central Estrictamente Altura")	
Strictly Hard Bean	1500 bis 1900 m ü. d. M.

In Abweichung von diesen Typen-Bezeichnungen hat sich Costa Rica (s. d.) seine eigene Klassifizierung vorbehalten.

Es ist besonders zu betonen, daß, obwohl diese Typen-Klassen für jedes Mitgliedsland der FEDECAME gültig sein sollen, sie je nach Herkunftsland nicht unbeträchtlich variieren, auch Zwischenbezeichnungen tragen oder abweichende Auslegungen erfahren. Vor allem müssen die gemachten Angaben hinsichtlich der Höhenstufen mit gewissen Abweichungen verstanden werden, denn in manchen Fällen ist die Lage der Schälanstalt gemeint, wogegen die Pflanzungen selbst mehrere hundert Meter unter- oder oberhalb liegen können.

Berichtigung

Sackgewichte

(Die Gewichtsangaben beziehen sich auf die handelsüblichen Sackgewichte der betreffenden Ursprungsländer. Schwankungen können auftreten, wenn die Kaffees nach Verschiffung in fremder Regie nachbearbeitet, gestürzt oder umgesackt werden.)

Abessinien	80.— kg
Angola	61.5 kg
Belgisch-Kongo	61.— kg
Brasilien	60.— kg
Costa Rica	69.— bis 74.— kg
Dominikanische Republik	75.— kg
Ekuador	69.— kg
Franz.-Westafrika	60.— kg
Guatemala	69.— kg
Haiti	60.— kg
Hawaii	60.— kg
Honduras	69.— kg
Indische Union	60.— kg
Indonesien	60.— bis 80.— kg
Jamaika	62.— kg
Jemen	59.— kg
Kenya	61.— kg
Kolumbien	70.— kg
Kuba	70.— kg
Madagaskar	90.— kg
Mexiko	69.— kg
Nikaragua	69.— kg
Peru	80.— kg
El Salvador	69.— kg
Tanganjika	61.— kg
Uganda	61.— kg
Venezuela	59.— bis 69.— kg

Tara

Nach den „Allgemeinen Usancen für den Kaffeehandel" ist Tara zu vergüten:

a) bei *Brasil-Kaffees* $^1/_2$ kg für den Sack,

b) bei Kaffees anderer Herkünfte reine (reelle) Tara.

Die einzelnen Anbauländer bringen üblicherweise die nachfolgend verzeichneten Tara-Gewichte in Anrechnung. Je nach Art der von den Abladern und Schälanstalten verwendeten Sackgewebe (Jute, Stramin, Hessian etc.) können sie innerhalb eines Kaffeestaats hin und wieder um Kleinigkeiten differieren.

Abessinien	1.— kg
Angola	1.— kg
Belgisch-Kongo	1.— kg
Brasilien	0.5 kg
Costa Rica	1.— kg
Dominikanische Republik	1.— bis 1.1 kg
Ekuador	1.— kg
Französisch-Westafrika	0.8 bis 1.— kg
Guatemala	1.— kg
Honduras	0.8 bis 1.— kg
Indische Union	1.— bis 1.6 kg
Indonesien	1.— kg
Jamaika	1.1 bis 1.3 kg
Kenya	0.8 bis 1.— kg
Kolumbien	0.6 bis 0.8 kg
Kuba	1.6 kg
Mexiko	1.— bis 1.1 kg
Nikaragua	1.— kg
Peru	1.— kg
El Salvador	0.8 bis 1.— kg
Tanganjika	1.— kg
Uganda	1.— kg
Venezuela	0.5 bis 0.8 kg

DER WELTMARKT

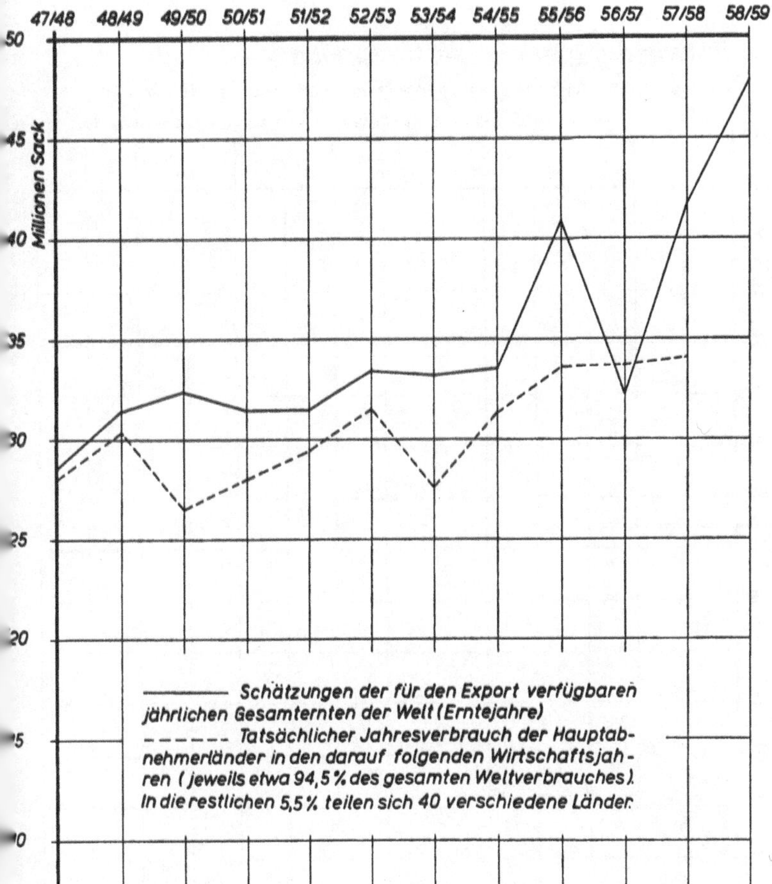

47/48 48/49 49/50 50/51 51/52 52/53 53/54 54/55 55/56 56/57 57/58 58/59
Millionen Sack
50 45 40 35 30 25 20 15 10 5 0
48 49 50 51 52 53 54 55 56 57 58
Schätzungen der für den Export verfügbaren jährlichen Gesamternten der Welt (Erntejahre)
Tatsächlicher Jahresverbrauch der Hauptabnehmerländer in den darauf folgenden Wirtschaftsjahren (jeweils etwa 94,5 % des gesamten Weltverbrauches).
In die restlichen 5,5 % teilen sich 40 verschiedene Länder.

Entwicklung der Rohkaffeepreise

Jahres - Durchschnitt ex Dock New York in Dollarcents per lb. (453 Gramm)

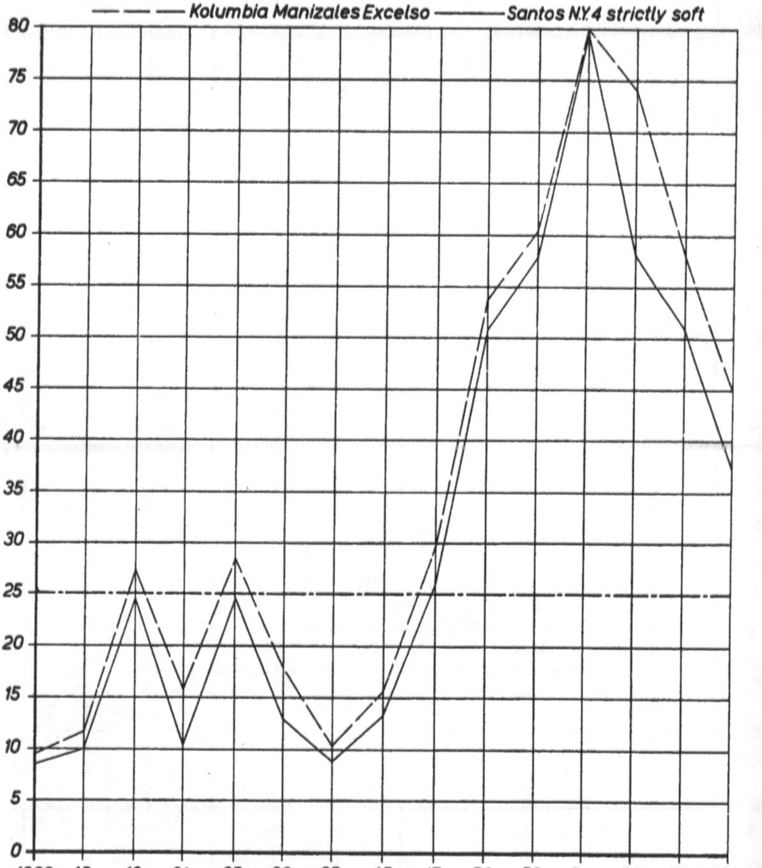

	1900	10	19	21	25	30	35	45	47	50	53	54	56	58	59(Jun
B	8.6	9.9	24.8	10.4	24.5	13.2	8.9	13.6	26.4	50.5	58.0	79.8	58.1	50.3	37.5
K	9.7	11.8	27.6	16.0	28.5	18.0	10.7	15.9	29.8	53.6	60.0	80.0	74.0	58.1	45.0

Entwicklung der Kaffeepreise

Jahres-Durchschnitt ex dock New York in Dollarcents per lb (453 g)

	Santos N. Y. 4 strictly soft	Columbia Manizales Excelso		Santos N. Y. 4 strictly soft	Columbia Manizales Excelso
1900	8.6	9.7	1936	9.5	11.7
1905	10.1	12.1	1937	11.1	12.—
1910	9.9	11.8	1938	7.8	11.2
1915	10.4	12.—	1939	7.5	12.—
1917	10.2	12.7	1940	7.2	8.7
1918	12.1	16.6	1941	11.4	15.2
1919	24.8	27.6	1942	13.4	15.9
1920	19.—	23.7	1943	13.4	15.9
1921	10.4	16.—	1944	13.4	15.9
1922	14.3	18.—	1945	13.6	15.9
1923	14.8	19.1	1946	18.7	26.4
1924	21.3	25.5	1947	26.4	29.8
1925	24.5	28.5	1948	26.8	32.5
1926	22.3	28.8	1949	31.8	37.4
1927	18.7	25.4	1950	50.5	53.6
1928	23.2	27.3	1951	54.2	58.7
1929	22.1	23.5	1952	54.—	57.—
1930	13.2	18.—	1953	58.—	60.—
1931	8.7	16.3	1954	79.8	80.—
1932	10.7	11.9	1955	57.1	64.6
1933	9.3	10.8	1956	58.1	74.—
1934	11.2	14.3	1957	57.—	64,—
1935	8.9	10.7	1958	50.3	58.1

Entwicklung der Welt-Kaffeepreise
am New Yorker Effektivmarkt 1959
ex dock Kassaware in Dollarcents per lb. (453 g)

	Santos NY 4 ss.	Columbia Manizales Excelso	Mexiko Tapachula Firsts	Guatemala Prime Washed	Venezuela Tachira	Uganda Washed Robusta	Elfenbeinküste Courant
6. Jan.	42.¼ B	46.½ bez.	39.¾ B	41.½	41.½ B	31 B	30.¼ B
27. Jan.	41 n	47 B	40.½ B	41 B	40.½ B	31.½ B	29.½ B
24. Febr.	38.½ B	46 B	41.¾ B	40.¾ B	41.¼ B	31.¾ B	29.½ B
17. März	37 B	45 B	42.¼ B	42.¼ B	41 B	31.¼ B	29.½ B
7. April	37.½ B	45.½ B	43 B	—	41.¾ B	32 B	28.½ B
28. April	37.¼ B	45.½ B	44 B	42.¼ B	43.¼ B	31.½ B	28.½ B
26. Mai	36.¼ B	44.¾ B	43.¼ B	—	43.¾ B	31.¼ B	28.½ B
16. Juni	36.½ B	44.⅜ B	44.¼ B	—	43.¼ B	30.½ B	28 B
22. Juni	36.½ B	44.¾ B	43.½	—	43.¼ B	30 B	27.½ B
21. Juli	37 B	44.¾ B	44.¼ B	44.¾ n	44 n	28.¼ B	27.½ B
11. Aug.	36.½ B	45 B	43.¾ n	41.⅝ B	44 B	29.½ B	27.¼ B
25. Aug.	36 B	45.⅜ B	43.¾ n	42.¾ B	44 B	29.½ B	27.¼ B
15. Sept.	35 n	45.½ B	40.¾ B	42.½ B	43.¾ B	28.½ B	27 B
29. Sept.	35 n	46.¼ n	41 B	42 B	43.¾ B	27.¾ B	26 B
13. Okt.	34.½ B	45 B	41.½ B	40.¾ B	43.¾ B	27.½ B	25 bez.

Jede Preisbewegung auf dem New Yorker Effektivmarkt von nur einem Dollarcent per lb. nach oben oder unten ergibt für jeden Sack zu 60 kg einen Mehr- oder Mindererlös von etwa 2.20 Dollar: Für eine Menge von einhunderttausend Sack somit 220 000.— Dollar.

Internationales Kaffee-Abkommen vom 24. 9. 59
(Washingtoner Abkommen)

In einem Kaffee-Abkommen, das von allen lateinamerikanischen Ländern unterzeichnet worden ist, sind die Exportquoten für die lateinamerikanischen Produktionsländer festgesetzt worden. Das Abkommen sieht vor, daß die einzelnen Länder 90 % des besten Exportjahres der Zeitspanne zwischen 1949—1958 exportieren dürfen. In einem Zusatz heißt es, daß die so berechneten Quoten bis zu 88 % der exportfähigen Produktion der Ernte 1959/60 erhöht werden kann. Grundlage für diese Berechnung sind die Schätzungsangaben des US-Landwirtschaftsministeriums. Sobald die Produktionsschätzungen für die Monate Dez. 1959 und März 1960 veröffentlicht sind, wird das Direktorium des neuen Abkommens zusammentreten, um etwa notwendige Quotenänderungen vorzunehmen.
Das Abkommen sieht auch vor, daß die Produzenten der FRANZÖSISCHEN GEMEINSCHAFT 12 % der exportfähigen Produktion zurückhalten, die an Verbraucher außerhalb der FRANZÖSISCHEN WIRTSCHAFTSGEMEINSCHAFT geht. Portugal hat sich bereit ererklärt, 16 % der Ernte 1959/60 zurückzuhalten. Die britische Regierung hat dem Abkommen eine Erklärung mit dem Versprechen beigefügt, die Exporte aus Kenya, Tanganyika und Uganda auf 2 262 000 Sack während der Laufzeit des Abkommens von Oktober 1959 bis September 1960 zu beschränken, vorausgesetzt, daß die Studien und Bemühungen um eine langfristige Lösung der Kaffeeprobleme fortgesetzt werden.
Die anfänglichen Exportquoten für das Jahr 1959/60, beginnend mit dem 1. 10. 1959, sind wie folgt festgesetzt (Säcke à 60 kg):
Brasilien 17 431 000 Sack
Kolumbien 5 969 000 Sack
Franz. Gemeinschaft und Kamerun 638 000 Sack
Costa Rica 694 000 Sack
Kuba 312 000 Sack
Ekuador 455 000 Sack
El Salvador 1 269 000 Sack

Guatemala 1 085 000 Sack
Haiti 500 000 Sack
Honduras 176 000 Sack
Mexiko 1 303 000 Sack
Nicaragua 344 000 Sack
Panama 10 000 Sack
Peru 251 000 Sack
Portugal 1 165 000 Sack
Dominikanische Republik 398 000 Sack
Venezuela 660 000 Sack
Das Abkommen sieht für Kaffees, die aus den Unterzeichnerländern an neue Märkte gehen, eine strenge Kontrolle vor. Diese Mengen werden nicht gegen die Quoten angerechnet. Die Länder, die als „neue Märkte“ angesehen werden, sind ausdrücklich genannt. Kaffees, die in diese „neuen Märkte“ verkauft werden, müssen in Säcken geliefert werden, die gut kenntlich markiert sind. Sie müssen ein URSPRUNGSZEUGNIS haben.

Friedrich der Große war ein raffinierter Steuerspekulant. In seinem schrittweisen Kampf gegen den Kaffee hatte der Landesvater Erklärungen genug, warum und weshalb er seine Kinder vor den Gefahren des bösen Giftes bewahren wollte!
Aber man muß den Menschen zu seinem Glück zwingen — und also mußte Friedrich das Handelsmonopol für den Kaffee beanspruchen und besteuerte es enorm hoch. So verschaffte er seiner fast ausgetrockneten Steuerquelle neuen, schnellfließenden Segen und galt zudem als gerechter und gütiger Wohltäter aller Bierbrauer, denen die braune Flut aus dem Orient das ärgste Übel schien.

Aus Sybille Schall, *Die Kunst, Kaffee zu trinken*

Singende Kaffeekannen wurden in San Franzisko auf den Markt gebracht. Der in der Kanne entstehende Dampf dreht eine kleine Scheibe mit einer Schallplatte darauf.

Aus *„Die Welt“*

Fremde Termini

(E = engl.-amerik., S = spanisch, P = portugiesisch, F = französisch)

about (E), das in unsern Kaffee-Kontrakten der Mengenangabe vorangestellte „circa", das Mehr- oder Minderlieferung bis zu 5 % gestattet
acid, acidity (E), die feine Aroma- und Geschmackssäure im Aufguß gewaschener Arabica-Hochgewächse
afloat (E), schwimmende Ware
African grown (E), afrikanische Kaffees von Eingeborenen-Betrieben
aged (E), abgelagerter Kaffee alter Ernte
as is (E), s. telquel
average (E), Durchschnitt (auf Güte, Preis oder Gewicht bezogen)
bale (E), das altertümliche Wort „Ballen", anstelle von Sack
beetles (E), der tierische Schädling „Kaffeebohrer"
black beans (E), schwarze Bohnen (Hauptfehler in der brasilianischen Bewertungs-Tabelle)
blending (E), die Kunst des Mischens und Abstimmens
blueish (E), bläulich, d. h. frischfarbene Arabica-Hochgewächse
body (E), Kraft, Fülle und Gehalt des Aufgusses
bold bean (E), derbe Bohne (Brasil-Sieb 17)
brisures (F), abgesiebter Rohbruch
brokens (E), Bruchbohnen
bullheads (E), ostafrikanische „Elefanten" (Rohtriage)
café em cereja (P), Kaffee in der frischgeernteten Kirsche
café em côco (P), Kaffee in der getrockneten Kirsche
café en parche (F), Hülsenkaffee
cafetal (S), Kaffee-Pflanzung
cafetero (S), Kaffeebauer
cargo slacks (E), schlappe Säcke (Seetransport-Schaden)
chatos (P), Flachbohnen
cherry flats (E), trocken aufbereitete Arabicas aus der Indischen Union
chorro (S), geschältes, ungereinigtes und unabgesiebtes Rohgut
clean coffee (E), geschälter und gereinigter Rohkaffee
commissario (P), Kaffee-Aufkäufer in Brasilien

contract (E), Kontrakt-Einheit der New Yorker Terminbörse, entweder 250 Sack zu 60 kg Brasils („B") oder 250 Sack zu 70 kg Zentral-Amerika bzw. Kolumbien („M")
corrientes (S), trocken aufbereitete Arabicas
cosecha (S), Ernte
country damage (E), Süß- oder Schwitzwasser-Schäden auf der Reise im Ursprungland
crop (E), Ernte
cup (E), Tasse (auf die Qualität des Aufgusses bezogen)
curing-works (E), Aufbereitungsanstalt
dead beans (E), tote Bohnen, dasselbe wie schwarze Bohnen
desirable (E), erwünscht (auf die Tassenqualität bezogen)
double picked (E), zweifach handverlesener Rohkaffee
edgy (E), ein Grenzkaffee aus dem nördlichen São Paulo, der in der Tasse schon einen Stich von „hart" bringt, d. h. nach Minas oder Rio schmeckt
en oro (S), geschälter und verlesener Rohkaffee (clean coffee)
en parche (F), Hülsenkaffee
equal (E), genau wie (z. B. beschriebenes oder vorgelegtes Muster)
escogido (S), abgesiebter und verlesener Rohkaffee
ex dock (E), ab Kai, alle weiteren Kosten zu Käufers Lasten
ex ship (E), Kaffees, die Käufer sogleich nach Dampfers Ankunft am Kai zu empfangen hat
ex warehouse (E), Kaffee ab Lagerhaus, Absatz- und Wiegekosten zu Verkäufers Lasten
extra large bean (E), besonders großbohnig (Brasil-Sieb 19 und 18 1/2 oder „AA"-Bohne)
fair (E), anständig (auf Qualität bezogen)
fancy (E), Liebhaber-Qualität, d. h. etwas Besonderes
fazenda (P), (Kaffee-) Plantage, fazendeiro = Pflanzer, spanisch finca und finquero
fermented (E), naß (nach dem Gärungs-Prozeß) aufbereitet
fine (E), fein, auf Tasse (cup) oder Röstqualität (roast) bezogen
first crop (E), aus erster oder Vor-Ernte
flats (E), Flachbohnen
flavour (E), Geschmack, Aroma

foxy beans (E), rote Bohnen (Rohtriage)
free from (E), frei von oder ohne (z. B. Rio flavour = ohne Rio-Geschmack oder weevils = ohne Käfer-Besatz)
futures (E), auf dem Terminmarkt kontrahierte Kaffee-Lose
genuine (E), echt, z. B. genuine Bourbon
grade (E), Standard-Qualität, meist Basis für preisliche Bewertung
gragé (F), geschälter Rohkaffee
green (E), grün, frischfarbener Rohkaffee
greenish (E), grünlich, d. h. abblassender Rohkaffee
groundy (E), der erdige Geschmack beschädigter Rohkaffees („nach Keller")
grown (E), gewachsen, durch einen Zusatz — low, medium oder high — wird die Höhenlage der betreffenden Anbauzone gekennzeichnet
handpicked (E), handverlesener Rohkaffee
hard bean (E), Güteklasse der Standard-Typen
harsh (E), der grobe Geschmack „harter" Brasils
heavy (E), von schwerem oder breitem Geschmack
high grown (E), Hochgewächs, Güteklasse der Standard-Typen
hulling (E), das Schälen des Rohkaffees
husking (E), das Entkernen trocken aufbereiteter Rohkaffees
large bean (E), großbohnig (Brasil-Sieb 18 oder „A"-Bohne)
lavado (S), gewaschene Rohkaffees (französisch lavé)
light, lightish (E), hellfarbige, d. h. abblassende Rohkaffees
limpio a machina (S), maschinengereinigt
low grown (E), Niedergewächs, Güteklasse der Standard-Typen
machine cleaned (E), maschinengereinigt, in der Windfege oder im Catador
made sound (E), aufgearbeitete Beschädigungen
main crop (E), Haupternte
mbuni (Suaheli), trocken aufbereiteter Negerkaffee in der Hülse (Ostafrika)
medium bean (E), mittelbohnig (Brasil-Sieb 15)
medium colour (E), mittelfarbig, d. h. abblassend
mellow (E), von weichem oder mildem Geschmack
mid crop (E), Zwischenernte
mild taste (E), Gütebezeichnung „weicher" Brasils

milds (E), gewöhnlich gewaschene Arabicas, der New Yorker Terminhandel jedoch wendet die Bezeichnung auf alle nichtbrasilianischen Arabicas an, gleich welcher Aufbereitung

milled (E), auf Größe und Rohtriage abgesiebter Kaffee

monsooned (E), trocken aufbereitete Arabicas, die in der Indischen Union während der Monsunzeit zu Lager gehen und aufquellen

musty (E), der dumpfe Geruch durch Schimmelbefall beschädigter Rohkaffees

natives (E), ostafrikanische Eingeborenen-Kaffees

naturals (E), Rohkaffees trockener Aufbereitung

pale (E), in der Farbe abgeblaßt, d. h. alterntig

parchments (E), Hülsenkaffee

pasilla (S), Ausschuß (Rohtriage)

past crop (E), aus vergangener Ernte

peaberries (E), Perlbohnen

pilé (F), trocken aufbereitet

plantation (E), Plantagenkaffee, gewöhnlich von Monokulturen

polished (E), polierte Rohkaffees

preparation (E), Methode der Aufbereitung

prompt shipment (E), Verschiffung muß innerhalb 30 Tagen vom Kontraktdatum erfolgen

pulping (E), Entkirschen

quakers (E), Grasbohnen

screen (E), Siebgröße

season (E), Erntezeit (current or past = laufende oder vergangene Ernte)

semi hard bean (E), Güteklasse der Standard-Typen

semi washed (E), trocken aufbereitete, nur oberflächlich abgewaschene Kaffees

separated (E), abgesiebt (auf Bohnengröße, Perl oder Rohtriage)

ship spillings (E), sauberes Schiffsfegsel, bedingt verwertbar

ship sweepings (E), verunreinigtes Schiffsfegsel

short shipped (E), Fehlmenge am Abladegewicht

similar to (E), ähnlich wie (z. B. einem Stocklot gleich oder einem beschriebenen Kaffee)

sin lavar (S), trocken aufbereitet

sin pulir (S), nicht polierter Rohkaffee
single picked (E), einfach handverlesen
sizing (E), Absiebung auf Bohnengröße
skimmings (E), der aus einer wasserbeschädigten Partie abgenommene, noch verwertbare Teil
slacks (E), schlappe Säcke
small bean (E), kleinbohnig (Brasil-Sieb 14)
smooth (E) + *soft* (E), weichschmeckend (Gütebezeichnung bei „weichen" Brasils)
soft for Minas (E), ein mit „weich" bezeichneter Geschmackswert, der bei manchen Lagen dieser „harten" Brasils gegeben wird
solid bean (E), feste Bohne, ohne Rohtriage-Einschuß
soluble coffee (E), löslicher Kaffee
sound coffee (E), gesunder, handelsüblicher Kaffee
sour (E), chemisch saurer Kaffee („grasig")
source (E), Ursprung
spot (E), Preis enthält neben Fracht und Versicherung auch Kosten für Umladen, Wiegen und Einlagern
steamers sweat (E), Schiffsschweiß (Versicherungsschaden)
stocklot (E), drüben lagernder Kaffee, der nicht auf Beschreibung, sondern nach hier vorgelegten Mustern gehandelt wird
strictly high grown (E), höchstgewachsen, Güteklasse der Standard-Typen
strictly soft (E), absolut weichschmeckend (Gütebezeichnung bei „weichen" Brasils)
style (E), die äußere Erscheinung oder das Aussehen einer (hochbeschriebenen) Rohkaffee-Partie
telquel (F), Kontrakt-Klausel, die den Käufer verpflichtet, den gekauften Kaffee, der seiner Gattung nach der vertraglich festgelegten Art entspricht, abzunehmen, und zwar ohne Rücksicht auf dessen Qualität
traviesa (S), Nebenernte oder zweite Ernte
trié à la main (F), handverlesener Rohkaffee
trilladora (S), Schälanstalt
ungraded (E), nicht abgesiebt, alle Klassen gemischt
uniform (E), gleichmäßig im Ausfall des Rohguts

unpolished (E), nicht poliert
unseparated (E), nicht abgesiebt (auf Bohnengröße, Perl oder Rohtriage)
usual good quality (E), von üblicher guter Qualität
visible supply oder stocks (E), sichtbare Vorräte, die der Statistik bekannten Stocks an greifbaren Kaffees (Plantagen, Lager- oder Kaischuppen in Übersee, unterwegs befindliche Schiffsladungen, Konsignationen etc.) Gegenteil: invisible stocks (unsichtbare Vorräte): die nicht erfaßbaren Mengen in den Verbraucherländern (Import-, Groß- oder Rösthandel)
washed (E), gewaschene Kaffees
weevils (E), Kaffee-Käfer (Bohrer)
yellowish (E), gelblich abgeblaßter, alter Kaffee (Segler)

Es war während des Krieges 1870/71, als die preußische Armee in Frankreich stand, daß Bismarck in eine Landschenke einkehrte. Dienstbeflissen näherte sich der Wirt und erkundigte sich nach den Wünschen des Gastes.

„Haben Sie Zichorie im Haus?" war die Frage des Fürsten.

„Sehr wohl, mein Herr", entgegnete der Wirt eifrig.

„Gut, bringen Sie mir alles, was Sie haben!"

Der Mann gehorchte kopfschüttelnd, nicht recht wissend, was der sonderliche Fremde mit seinem ganzen Vorrat Zichorie anzufangen gedenke. Unverzüglich kehrte er jedoch zurück und händigte Bismarck eine große Blechbüchse Zichorie aus.

„Ist dies auch wirklich alles, was Sie haben?" erkundigte sich der Kanzler eingehend.

„Gewiß, mein Herr, alles bis aufs letzte Körnchen", gab ihm der Wirt Bescheid.

„Nun gut", entgegnete Bismarck, die Blechbüchse bei sich behaltend, „dann gehe nun und mache mir einen Topf Kaffee!"

Aus *Gerhart Söhn, Von Mokka bis Espresso*

Abkürzungen der internationalen Kaffeewirtschaft

AEF — „Afrique Equatorial Française" (Franz.-Äquatorial-Afrika)

AOF — „Afrique Occidentale Française" (Französisch-Westafrika)

AVC — „Associacion Venezolana de Cafeteros"

BNCB — „Bukoba Native Coffee Board"

CA — „Caracol" (Perlkaffee)

CACEX — „Carteira de Exterior" (Außenhandels-Abteilung der Banco do Brasil)

CIF — „Cost, insurance, freight" (Preis versteht sich an Bestimmungshafen, einschl. Transportversicherung)

C+F — „Cost and freight" (Preis versteht sich an Bestimmungshafen, ohne Transportversicherung)

CNC — „Commision Nacional de Café (Mexico-City)

CSCSA — „Compania Salvadorena de Café, S.A."

DP — „Double picked" (zweifach handverlesen)

ECA — „Economic Cooperative Administration" (Verwaltung für wirtschaftliche Zusammenarbeit)

EPU(EZU) — „European Payments Union" (Europäische Zahlungs-Union)

EWG — Europäische Wirtschafts-Gemeinschaft

FAO — „Food and Agricultural Organization" (Organisation für Ernährung und Landwirtschaft bei den Vereinigten Nationen)

FAQ — „Fair average quality" (anständige Durchschnittsqualität)

FAQ — „Free alongside quay" (Preis versteht sich frei Verladungskai)

FAS — „Free alongside ship" (Preis versteht sich frei Längsseite Seeschiff)

FEDECAME — „Federacion Cafetalera de America" (s. Standard-Typen)

FNCC	—	„Federacion Nacional de Cafeteros de Colombia“
FOB	—	„Free on board“ (Preis versteht sich frei an Bord des Schiffes
GATT	—	„General Agreement of Tariffs and Trade“ (Allgemeines Zoll- und Handels-Abkommen)
GB	—	„Gewonde bereiding“ (Kaffees trockener Aufbereitung aus Indonesien)
HB	—	„Hard bean“ (s. Standard-Typen)
HCTA	—	„Hard Coffee Trade Association of Eastern Africa“
HG	—	„High grown“ (s. Standard-Typen)
HGA	—	„High grown atlantic“ (s. Costa Rica)
HGC	—	„High grown central“ (s. Standard-Typen)
IAC	—	„International Advisory Committee of Research in the Natural Programme of UNESCO.“ (Internationaler beratender Ausschuß für das wissenschaftliche Programm der UNESCO.)
IBC	—	„Instituto Brasileiro do Café“ (Abteilung des Ministeriums für Landwirtschaft, Rio de Janeiro)
ICA	—	„International Cooperative Alliance“ (Internationaler Genossenschaftsbund)
ICEC	—	„Instituto Cubano de Establizacion del Café“ (Havana)
ISIC	—	„Instituto Salvadorena de Investigaciones del Café“ (San Salvador)
KNCU	—	„Kilimanjaro Native Cooperative Union“ (Tanganjika)
LGA	—	„Low grown atlantic“ (s. Costa Rica)
LGC	—	„Low grown central“ (s. Standard-Typen)
MAMS	—	Kontrakt der New Yorker Terminbörse für Columbia-Kaffees (Medellin u./o. Armenia u./o. Manizales)
MCTA	—	„Mild Coffee Trade Association of Eastern Africa“
N	—	„Natives“ (Afrikanische Eingeborenen-Kaffees)
N	—	„Naturals“ (Kaffees trockener Aufbereitung)
OCDE	—	„Oficina Central de Café“ (Guatemala-City)
OCIRU	—	„Office des Cafés Indigènes Ruanda-Urundi“

OCRL	—	„Office du Café Robusta à Leopoldville“
OEEC	—	„Organization for European Economic Cooperation“ (Europäische Organisation für wirtschaftliche Zusammenarbeit)
OPAC	—	„Office des Produits Agricoles du Congo“
OPAS	—	„Office des Produits Agricoles de Stanleyville“
PACB	—	„Pan American Coffee Bureau“ (New York)
PB	—	„Peaberries“ (Perlkaffee)
SHB	—	„Strictly hard bean“ (s. Standard Typen)
SHGC	—	„Strictly high grown central“ (s. Standard-Typen)
SP	—	„Single picked“ (einfach handverlesen)
SS	—	„Strictly soft“ (s. Brasilien)
T	—	„Triage“ (Rohtriage)
T	—	„Terceras“ (kleinbohnige Terzen)
TCGA	—	„Tanganyika Coffee Growers Association“
TCTA	—	„Tanganyika Cooperative Trading Agency“
UG	—	„Ungraded“ (nicht abgesiebter Rohkaffee)
UGQ	—	„Usual good quality“ (Das „faq“ des amerikanischen Rohkaffeehandels)
W	—	„Washed“ (gewaschene Kaffees)
WIB	—	„West-Indise bereiding“ (Kaffees gewaschener Aufbereitung aus Indonesien)

„Oh, Kaffee! Du zerstreust die Sorgen, du Gottesfreund! Du gibst Gesundheit, Weisheit und Wahrheit und du bist dem Golde gleich — weil, wo du dargeboten wirst, immer die besten Menschen sein werden!“ *Abd-el-Kadr*

Aus H. E. Jacob, Sage und Siegeszug des Kaffees

Englische Gewichte

1 Ounce (oz.)	=	28.35 g
1 Pound (lb.) = 16 ounces	=	453.6 g
1 Quarter (qr.) = 28 lbs.	=	12.70 kg
1 Hundredweight (cwt.) = 4 qrs. = 112 lbs.	=	50.80 kg
1 Longton (lt.) = 20 cwt. = 2240 lbs.	=	1016.60 kg

Zentralamerikanische Gewichte

1 Onza		=	28.76 g
1 Libra	Guatemala	=	460.10 g
	Honduras	=	453.60 g
	El Salvador	=	473.10 g
1 Arroba = 25 Libras	Guatemala	=	11.50 kg
	Honduras	=	11.34 kg
	El Salvador	=	11.83 kg
1 Quintal (qq.) = 100 Libras	Guatemala	=	46.01 kg
	Honduras	=	45.36 kg
	El Salvador	=	47.31 kg

Die Tasse Kaffee in der Arbeitspause, der Schluck aus der Thermosflasche neben dem Baugerüst und wenn die Verladekräne ruhen, die Tasse Kaffee in der Atempause, die sich die Hausfrau am Vormittage immer gönnen sollte, die Tasse Kaffee auf dem Schreibtisch des Intellektuellen, des Unternehmers, ist die Quelle neuer Antriebe. Wenn die Unlust sich einzuschleichen beginnt, wenn das Tempo nachläßt, der rhythmische Ablauf der Arbeit gestört wird, ist die Tasse Kaffee die gute Freundin, die nicht nur das Gleichgewicht wieder herstellt, sondern neuen Eifer und neue Schaffenskraft entfacht.

Aus der Werbeschrift, *Kaffee aus Brasilien*

IMPORT UND IMPORTHANDEL

Der Importhandel

Der Importhandel bildet eine besondere Stufe in dem Ablauf der Ware vom Produzenten zum Konsumenten. Er ist gewissermaßen das Bindeglied zwischen den beiden Polen: Pflanzer und Röster. Seine Tätigkeit besteht vor allem darin, die Kaffees, die im allgemeinen einmal im Jahr geerntet werden, in den Produktionsländern aufzukaufen, um sie dann im Laufe des Jahres an die Rösterfirmen der Konsumländer abzusetzen. Die meisten Produktionsländer sind nicht darauf eingestellt, die geernteten Kaffees einzulagern, daher werden diese im allgemeinen sofort verschifft und durch den Importhandel in den Seehäfen der Konsumländer so lange eingelagert, bis die Abnahme durch die Röster erfolgt. Gehandelt wird stets nur Rohkaffee (green coffee).

Der Sitz des Importhandels befindet sich in den großen Seehäfen der Konsumländer. In Europa sind es die Häfen Amsterdam, Antwerpen, Bremen, Genua, Hamburg, Le Havre, London, Marseille, Rotterdam und Triest. Seit 1926 ist der Importhandel dieser Städte organisiert in dem Komitee Europäischer Kaffee-Händler-Vereine (Comité des Associations Européennes des Négociants en Café).

Über die geschichtliche Entwicklung des Importhandels, seine Eigenart und seine Einrichtungen werden anhand des Beispiels Hamburg nachstehend einige interessante Einzelheiten mitgeteilt:

Bereits im 17. Jahrhundert haben Hamburger Kaufleute die ersten Kaffees in Deutschland eingeführt und die Anregung zur Errichtung von Kaffeehäusern gegeben. Diese Kaffees kamen aus dem Orient und hatten ihren Ursprung wahrscheinlich im heutigen Äthiopien. Die wachsende Beliebtheit dieses Getränks, das besonders in den europäischen Großstädten immer mehr Freunde fand, führte dazu, daß im 18. Jahrhundert der Anbau von Kaffee auf plantagenmäßiger Grundlage in mittel- und südamerikanischen Ländern angefangen wurde. Die auf diese Weise eingeleitete Entwicklung wirkte sich gegenseitig fördernd auf den Importhandel aus. Und gegen Ende des 18. Jahrhunderts war die Zahl der am Kaffee-Import beteiligten Firmen in Hamburg bereits auf 180 angewachsen.

Von den vielfachen Risiken, die mit der Einfuhr von Kaffee zusammenhängen, sei aus jener Zeit besonders auf das Transportrisiko hingewiesen. In einer Eingabe von Kaufleuten im Jahre 1783 wird gesagt: „Von 50 Schiffen, die in unserm Haven ankommen, gewiß nicht fünfe gezählet werden, welche die Säcke voll und ungeplündert abliefern." Die eingeführten Kaffees mußten fast immer erst bearbeitet, d. h. gesäubert, verlesen, gesiebt und gestürzt werden. Diese Arbeit wurde damals und wird auch heute noch im allgemeinen durch Lagereibetriebe ausgeführt, die in Hamburg Quartiersleute genannt werden.

Die Bedeutung, die der Kaffee-Importhandel am Ende des 18. Jahrhunderts besaß, erkennt man auch aus folgender Anmerkung: „Seitdem Hamburg den großen Caffee-Handel besitzt, ist man gewohnt, diesen Artikel als Barometer zu betrachten, woran man eine stille oder lebhafte Handlung erkennt."

Im 19. Jahrhundert war es die Zeit nach 1870—71, welche dem Importhandel erneut die Voraussetzungen für einen außerordentlichen Aufschwung brachte. Die ständige Ausweitung des Kaffeeanbaus in den Produktionsländern und vor allem in Brasilien, ferner das Nutzbarmachen einiger bedeutungsvoller Errungenschaften der Technik, wie Eisenbahn, Dampfschiff und Telegraph, waren Hauptgründe für die günstige Entwicklung. In den drei Jahrzehnten von 1872 bis 1902 stiegen die Importe von 108 auf 447 Millionen Pfund, d. h. von 900 000 auf 3 725 000 Sack à 60 kg im Jahr. (Dabei ist zu beachten, daß sich diese Zahlen allein auf Hamburg beziehen.) Nach einem Bericht war Hamburg um diese Zeit unangefochten der erste Kaffeemarkt Europas. Auch in bezug auf die organisatorische Form und Gestaltung des Importhandels sind einige Maßnahmen aus jener Zeit von besonderer Bedeutung. Im Jahre 1886 wurde der „Verein der am Caffeehandel betheiligten Firmen zu Hamburg" und ein Jahr später, 1887, die Kaffee-Terminbörse und Liquidations-Casse gegründet.

Durch den Verein wurde ein Schiedsgericht geschaffen, das sehr bald internationale Anerkennung fand; ferner organisierte man einen telegrafischen Nachrichtendienst, legte die Hamburger allgemeinen Usancen fest, mietete einen Börsensaal usw.

Im Zusammenhang mit der Terminbörse sei noch auf ein besonderes Ereignis des Jahres 1888 hingewiesen, den berüchtigten „September-

Corner". Damals stiegen die Kurse vom 1. bis 7. September von 77½ auf 240 Pf, um schließlich am Ende des Monats mit 64 Pf auszulaufen. Über die Umsätze, die an der Hamburger Terminbörse erzielt wurden, ist zu berichten, daß diese z. B. allein im Jahre 1913 15 Millionen Sack betrugen.

Die Kaffeebestände, die vom Importhandel im Hamburger Hafen gehalten wurden, betrugen damals durchschnittlich 1½ bis 2 Millionen Sack. Diese Bestände setzten sich zu einem Teil aus Konsignationen der Produktionsländer zusammen.

Auch der Transithandel hatte eine erhebliche Bedeutung. Es wurden vor allem Nord- und Osteuropa beliefert, aber auch Afrika zählte zu den Absatzgebieten der Transitfirmen.

Durch den ersten Weltkrieg kam das Geschäft völlig zum Erliegen. Die gleiche Erfahrung mußte erneut mit dem Ausbruch des zweiten Weltkrieges gemacht werden. Es ist wohl nicht erforderlich, auf die Zeit zwischen den beiden Kriegen näher einzugehen. Interessant ist es aber, die Entwicklung des Hamburger Importhandels nach dem zweiten Weltkriege zu betrachten.

Zwei Zahlen mögen diese Entwicklung am besten beleuchten. 1949 betrug die Einfuhr von Kaffee nach Westdeutschland 437 885 Sack à 60 kg, 1959 dagegen mehr als 3 Millionen Sack. Der Verbrauch pro Kopf wird im Jahre 1959 ca. 3,3 kg betragen und damit erstmalig höher liegen als in den Vorkriegszeiten. Diese Tatsachen sind um so beachtenswerter, als heute das Pfund (½ kg) gerösteter Kaffee für den Verbraucher DM 8,—/10,— kostet, während vor dem Kriege nur 2,—/3,— Mark für die gleiche Menge bezahlt werden mußten. Der heutige hohe Preis erklärt sich aus den gestiegenen Weltmarktpreisen und aus der hohen Belastung mit Zoll und Verbrauchssteuer. Nach einem Fortfall der Verbrauchssteuer ist mit einem weiteren Ansteigen des Konsums von vielleicht 25—30 % zu rechnen.

Die ungewöhnlich günstige Entwicklung des Verbrauchs von Kaffee in Westdeutschland ist im wesentlichen zurückzuführen auf die Wiederherstellung einer stabilen Währung, auf die Einführung einer sozialen Marktwirtschaft und auf die fast erreichte Vollbeschäftigung.

Man darf sagen, daß der Hamburger Importhandel es im allgemeinen verstanden hat, mit dieser günstigen Entwicklung unserer Wirtschaft

Schritt zu halten. Die während des Krieges zerstörten Gebäude und Lagerhäuser wurden wiederaufgebaut, und 133 Importeure, 81 Agenten und Makler, 50 Im- und Exporteure, d. h. 264 Firmen sind als Mitglieder des Vereins der am Caffeehandel betheiligten Firmen größtenteils in einem einzigen Gebäudekomplex untergebracht. Dessen Name „Sandthorquai" bezeichnet wieder den alten international bekannten Sitz im Hamburger Freihafen. In den modern eingerichteten Kontoren herrscht wieder ein reges Leben. Tagtäglich laufen dort aus den Produktionsländern der Welt eine große Anzahl von telegrafischen oder fernschriftlichen Offerten ein. Es werden darin an jedem Tage oft mehr als 100 000 Sack Kaffee der verschiedensten Provenienzen angeboten. Mit diesen Offerten eilen die Agenten und Makler schon in den Vormittagsstunden durch die langen Korridore der durch Brükken miteinander verbundenen Gebäude, um sie den Importeuren zu unterbreiten. Diese erhalten dadurch nicht allein täglich günstige Einkaufsmöglichkeiten, sondern sie können sich in kürzester Zeit ein Urteil über den Stand und die Entwicklung der Weltmarktpreise bilden. Es ist einleuchtend, daß sich durch diese Konzentration der Angebote von Kaffee aus aller Welt, durch die ständigen erheblichen Umsätze in diesem Artikel, durch den guten Nachrichtendienst und den fortlaufenden Austausch von Informationen eine Einrichtung gebildet hat, die man in der Wirtschaft als Markt bezeichnet.

„Am Caffeehandel betheiligt"
Brooksfleet mit Sandthorquai und Speichern, bei denen das „Aufnehmen" einkommender Kaffeefrachten von Schuten aus erfolgt. Rechts die Kaffeebörse am Pickhuben, an der werktäglich die Notierungen der Hamburger Terminbörse vorgenommen werden. Die Börse wurde im Jahre 1887 nach dem Beitritt Hamburgs zum Norddeutschen Bund und der Errichtung des Freihafengebietes außerhalb der Zollgrenze eröffnet. Sie konnte damals ihre Tätigkeit aufnehmen, weil zu jener Zeit eine erste direkte Kabelverbindung zwischen Europa und New York die rasche und zuverlässige Nachrichtenübermittlung gestattete.

Die Anziehungskraft dieses Hamburger Kaffeemarktes hat dazu geführt, daß auch die Banken und die Post ihre Niederlassungen im gleichen Gebäude errichtet haben, daß sich Versicherungen, Reedereien und vor allem die großen Lagerhäuser, die ausschließlich für die Lagerung von Kaffee eingerichtet sind, in unmittelbarer Nähe befinden. Die Lagerhäuser haben eigenen Gleis- und Wasseranschluß, so daß auch die Transportverhältnisse nicht nur für den innerdeutschen Verkehr, sondern auch für den Transithandel außerordentlich günstig sind.

Am Ende dieser Betrachtungen kann festgestellt werden: Die Grundlagen für ein gutes Funktionieren des Importhandels sind wieder vorhanden. Der äußere Rahmen — die Konzentration der Firmen in einem Gebäude, die Spezialisierung allein auf den Handel mit Kaffee — ist wiederhergestellt. Doch muß man fragen: Genügt das heute alles noch? Kann man dort wieder anfangen, wo man vor 50 Jahren aufgehört hat? Die Welt hat sich verändert, Flugzeug und Fernschreiber haben die Menschen einander nähergebracht. In der Wirtschaft herrscht das Bestreben, den Weg zwischen den Beteiligten so kurz wie möglich zu gestalten.

Welche Konsequenzen ergeben sich daraus für den Importhandel? Was kann geschehen, um den Röster ebenso wie den Pflanzer davon zu überzeugen, daß es auch heute noch ein Vorteil ist, sich des Importhandels zu bedienen? Die Antwort muß lauten: Der Importhandel als der berufene Mittler zwischen den beiden sollte sich bemühen, die Interessen von Röster und Pflanzer soweit wie möglich miteinander zu verbinden und auszugleichen. (Nicht das Gegenteil zu tun, wie es heute leider noch oft geschieht.) In der Praxis würde das heißen, der Importhandel sollte ständig möglichst große Lagerbestände ausgesuchter Kaffees aller Provenienzen unterhalten, um auf diese Weise dem Röster das mit dem Einkauf in Übersee verknüpfte Preis- und Qualitätsrisiko weitgehend abzunehmen und dem Pflanzer gleichzeitig einen angemessenen Preis zu bezahlen. Es besteht kein Zweifel mehr, daß der Importhandel bei der Lösung des Problems einer umfangreichen Lagerhaltung, die von entscheidender Bedeutung für seine Existenz ist, die weitgehende Unterstützung bedeutender Produktionsländer finden wird. Möge er das erkennen, bevor es zu spät ist!

Rohkaffee-Ankünfte im ehemaligen Reichsgebiet
(Die Mengen sind zu Sackzahlen zu je 60 kg umgerechnet)

	1898	1905	1913	1922	1928
Afrika	9 630	28 550	11 580	3 980	38 780
Brasilien	1 392 300	1 951 200	1 930 100	447 200	962 500
Costa Rica	—	57 630	49 380	2 320	116 430
Dominikanische Republik	10 870	5 150	1 260	—	—
Guatemala	252 300	305 300	358 300	72 950	458 100
Haiti	34 300	380	3 760	65	2 560
Honduras	—	—	2 830	265	2 620
Indien	66 050	56 900	48 810	1 080	38 600
Indonesien	209 100	181 900	97 600	43 160	73 800
Kolumbien	42 310	87 930	46 550	5 030	71 650
Mexiko	17 680	45 820	69 100	6 610	128 260
Nikaragua	—	—	170	560	3 310
Portorico	4 510	—	7 210	390	—
El Salvador	—	—	50 160	15 370	221 670
Venezuela	97 600	89 630	94 920	11 810	85 660
Gesamt:	2 136 650	2 710 390	2 671 630	620 790	2 103 940

Mrs. Field sagt: „So muß der Kaffee sein —

Wenn man die Tasse zum Munde hebt, sollte man dieselbe gespannte Erwartung empfinden wie im Theater vor dem Aufgehen des Vorhanges oder beim Aufschlagen der ersten Seiten eines neuen Buches."

Prozentualer Anteil der Länder-Großgruppen an den Ankünften im ehemaligen Reichsgebiet (Säcke zu 60 kg)

	Mexiko Zentral-Amerika und Karibia	Brasilien	übriges Süd-amerika[1])	Afrika	Asien	Gesamt
1898	319 660	1 392 300	139 910	9 630	275 150	2 136 650
	= 14.9 %	= 65.1 %	= 6.6 %	= 0.5 %	= 12.9 %	
1905	414 280	1 951 200	177 560	28 550	238 800	2 710 390
	= 14.2 %	= 71.1 %	= 6.2 %	= 1.1 %	= 7.4 %	
1913	542 170	1 930 100	141 470	11 580	146 410	2 671 630
	= 18.3 %	= 70.7 %	= 5.2 %	= 0.5 %	= 5.3 %	
1922	98 530	447 200	16 840	3 980	44 240	620 790
	= 16.9 %	= 72.1 %	= 2.7 %	= 0.6 %	= 7.7 %	
1928	932 950	962 500	157 310	38 780	112 400	2 103 940
	= 43.3 %	= 44.5 %	= 6.4 %	= 0.5 %	= 5.3 %	

[1]) Nur Kolumbien und Venezuela

„Kaffee 480 t: Cap Blanco SAOK"
Mit einer Unterteilung nach Einfuhrgruppen zeigen die täglichen Hafennachrichten hier die Ankunft von 8000 Sack Rohkaffee aus Brasilien an. Schon bei Eintreffen auf der Elbe gibt die Reederei die Ware an den Inhaber des Konnossements oder dem Vorzeiger eines Kai-Teilscheins frei, und sobald der Dampfer mit dem Löschen beginnt, erfolgt Abnahme durch die beauftragten Quartiersleute am Kai oder außenbords, d. h. mit Lkw oder durch Schuten, die auf der Wasserseite längsseits festmachen.
Hamburgs Anteil an den gesamten Rohkaffee-Importen der Bundesrepublik (einschl. West-Berlin) liegt bei etwa 68 Prozent. Ihr Einfuhrwert wird nur von dem des Erdöls, der Kraftstoffe und Schmieröle übertroffen, während sie alles übersteigen, was in den Einzelpositionen der Außenhandelsstatistik der Hansestadt ausgewiesen ist.

CAP BLANCO

Rohkaffee-Einfuhren und Verzollungen in der Bundesrepublik einschl. West-Berlin

(Die Mengen sind auf Sackzahlen zu je 60 kg netto umgerechnet.)

	1950	1951	1952	1953	1954
Abessinien	200	100	—	—	—
Angola	17 000	22 000	5 100	8 900	15 000
Belgisch-Kongo m. Ruanda-Urundi	7 500	23 000	14 100	31 000	35 000
Brasilien	159 000	260 000	478 000	581 000	720 000
Costa Rica	10 700	16 000	23 100	70 100	142 000
Dominik. Rep.	1 600	2 200	500	3 900	1 800
Ekuador	1 200	2 500	2 400	2 300	4 100
Franz.-Afrika	800	400	3 100	5 500	150
Guatemala	3 400	3 900	16 000	54 000	56 700
Haiti	600	1 100	800	2 100	2 200
Honduras	—	—	500	2 600	3 100
Ind. Union	6 100	3 400	5 600	10 700	40 700
Indonesien	104 000	34 000	21 100	18 500	24 500
Jemen	700	500	—	—	500
Kenya mit Uganda	45 500	59 000	101 000	136 000	123 000
Kolumbien	56 800	207 000	192 000	247 000	309 000
Kuba	—	—	—	—	—
Madagaskar	—	—	—	—	—
Mexiko	5 600	8 200	4 700	37 000	66 500
Nikaragua	500	900	1 400	4 200	14 200
Peru	—	—	300	—	200
El Salvador	1 100	1 500	14 900	24 000	88 000
Tanganjika	—	4 900	7 600	16 300	46 900
Venezuela	1 300	3 300	5 000	16 200	14 900
Gesamt:	423 600	653 900	897 200	1 271 300	1 708 450

Rohkaffee-Einfuhren und Verzollungen in der Bundesrepublik einschl. West-Berlin

(Die Mengen sind auf Sackzahlen zu je 60 kg netto umgerechnet.)

	1955	1956	1957	1958	1959
Abessinien	30	460	995	1 840	3 878
Angola	8 300	15 500	22 400	11 682	15 448
Belgisch-Kongo m. Ruanda-Urundi	32 800	31 900	41 900	39 440	30 321
Brasilien	624 200	790 100	700 600	501 675	677 187
Costa Rica	261 400	216 400	248 500	305 783	322 290
Dominik. Rep.	3 300	7 000	2 800	525	2 342
Ekuador	7 400	9 600	40 100	21 700	10 743
Franz.-Afrika	—	1 600	1 400	367	5 025
Guatemala	10 500	26 300	124 000	166 110	257 098
Haiti	2 300	7 200	4 200	5 207	1 810
Honduras	8 900	15 700	23 700	18 735	33 685
Ind. Union	52 900	23 600	91 500	68 960	34 485
Indonesien	14 900	16 900	14 200	14 750	3 652
Jemen	125	30	—	60	20
Kenya mit Uganda	146 000	205 000	230 000	265 560	316 518
Kolumbien	363 000	276 800	252 000	370 160	531 128
Kuba	—	13 500	13 800	7 105	5 220
Madagaskar	—	—	—	1 500	3 222
Mexiko	121 000	132 000	160 100	146 200	135 732
Nikaragua	18 700	35 400	54 100	66 610	68 925
Peru	13 300	15 300	9 500	14 760	17 367
El Salvador	218 000	303 100	434 300	522 080	530 640
Tanganjika	34 700	49 100	45 100	59 260	58 428
Venezuela	34 000	44 500	46 900	52 510	28 615
Gesamt:	1 975 755	2 236 990	2 562 095	2 662 579	3 093 779

Prozentualer Anteil der Länder-Großgruppen an den Einfuhren der Bundesrepublik und Westberlins

(Mengen auf Sackgewicht von 60 kg umgerechnet)

	Zentral-Amerika Mexiko und Karibia	Brasilien	übriges Südamerika	Afrika mit Jemen	Asien	Gesamt
1950	23 500	159 000	59 300	71 700	110 100	423 600
	= 5.6 %	= 37.6 %	= 14.0 %	= 16.8 %	= 26.0 %	
1951	33 800	260 000	212 800	109 900	37 400	653 900
	= 5.3 %	= 39.7 %	= 32.6 %	= 16.8 %	= 5.7 %	
1952	61 900	478 000	199 700	130 900	26 700	897 200
	= 6.9 %	= 53.3 %	= 22.2 %	= 14.6 %	= 3.0 %	
1953	197 900	581 000	265 500	197 700	29 200	1 271 300
	= 15.6 %	= 45.7 %	= 20.8 %	= 15.6 %	= 2.3 %	
1954	374 500	720 000	328 200	220 550	65 200	1 708 450
	= 21.9 %	= 42.2 %	= 19.2 %	= 12.9 %	= 3.8 %	
1955	644 100	624 200	417 700	221 955	67 800	1 975 755
	= 32.6 %	= 31.6 %	= 21.1 %	= 12.3 %	= 3.4 %	
1956	756 600	790 100	346 200	303 590	40 500	2 236 990
	= 33.8 %	= 35.3 %	= 15.5 %	= 13.6 %	= 1.8 %	
1957	1 065 500	700 600	348 500	341 795	105 700	2 562 095
	= 41.6 %	= 27.4 %	= 13.6 %	= 13.3 %	= 4.1 %	
1958	1 238 355	501 675	459 130	379 709	83 710	2 662 579
	= 46.3 %	= 18.8 %	= 17.2 %	= 14.5 %	= 3.2 %	

Rohkaffee-Einfuhren der Hauptverbraucherländer
(Mengenangaben in 1000 Sack zu 60 kg)

	1950	1951	1952	1953	1954	1955	1956	1957	1958
USA	18 313	20 207	20 274	21 065	17 072	19 651	21 252	20 863	20 163
Kanada	626	669	738	819	721	785	829	836	874
Belgien u. Luxemburg	927	698	763	770	712	782	1 105	847	907
Dänemark	262	295	338	426	405	470	552	549	602
England	538	621	584	351	507	531	750	754	736
Finnland	246	248	363	384	466	496	544	505	523
Frankreich	2 521	2 942	2 759	2 840	2 824	3 007	3 240	3 166	3 133
Italien	768	765	1 017	1 112	1 158	1 206	1 262	1 295	1 356
Holland	372	315	327	471	461	524	689	653	721
Norwegen	245	260	343	426	289	354	369	394	451
Portugal	128	161	151	175	145	166	138	141	183
Schweden	570	698	800	854	802	885	966	956	1 048
Schweiz	421	331	304	319	320	299	374	367	384
Spanien	131	135	102	114	83	123	202	204	194
zum Vergleich: Bundesrepublik	423	624	897	1 271	1 708	1 976	2 237	2 262	2 663
Gesamt:	26 491	28 869	29 760	31 397	27 693	31 255	34 509	33 792	33 938

Die Haupteinfuhren an Nahrungs- und Genußmitteln 1958

Nach den Angaben des Statistischen Bundesamtes lassen sich einige der 1958 in die Bundesrepublik eingeführten Warenarten der Großgruppe Nahrungs- und Genußmittel wertmäßig wie folgt miteinander vergleichen:

(Wertangaben unverzollt und unversteuert)

Rohkaffee	856.9 Mill. DM
Südfrüchte	693.7 Mill. DM
Rohtabak	435.9 Mill. DM
Rohkakao	306.9 Mill. DM
Trocken- und Schalenfrüchte	219.8 Mill. DM
Bienenhonig	43.1 Mill. DM
Tee	38.8 Mill. DM
tropische Gewürze	32.1 Mill. DM

Verbrauchssteueraufkommen

	1957	1958
Kaffee	447.9	485.7 Mill. DM
Tee	17.5	18.5 Mill. DM
Tabak	2 932.8	3 093.3 Mill. DM

VERARBEITUNG UND VERBRAUCH

Moderne Katadoren zur Reinigung und Separierung von Rohkaffee (Aufnahme Foto Lüden, Hamburg)

Automatische Großanlagen zur Herstellung homogener Rohkaffeemischungen (Aufnahme: Foto Lüden, Hamburg)

Pro-Kopf-Verbrauch an Rohkaffee im ehemaligen Reichsgebiet und in der Bundesrepublik (einschl. Westberlin)

(Mengenangaben in Gramm)

Jahr	Gramm	Jahr	Gramm	Jahr	Gramm
Schnitt 1871/1875	2270	1927	1930	1949	573
Schnitt 1881/1885	2440	1928	2103	1950	688
Schnitt 1891/1895	2410	1929	2268	1951	856
Schnitt 1901/1905	3011	1930	2361	1952	1048
1911	2790	1931	2384	1953	1473
1913	2442	1932	1975	1954	1909
1920	660	1933	1946	1955	2241
1921	1230	1934	2217	1956	2493
1923	612	1935	2194	1957	2810
1924	870	1936	2302	1958	2895
1925	1420	1937	2647	1959	3306
1926	1660	1938	2938		

Pro-Kopf-Verbrauch in den Haupteinfuhrländern

(Mengenangaben in Gramm)

	1950	1951	1952	1953	1954	1955	1956	1957
Belgien und Luxemburg	6430	5160	5080	5120	5480	5120	7430	5480
Dänemark	2990	2960	4620	5390	5520	6380	7160	7340
England	630	720	860	590	630	660	860	870
Finnland	3620	3670	5300	5580	6660	6980	7570	6980
Frankreich	2940	2910	3530	2940	3930	4210	4380	4330
Italien	980	990	1260	1360	1450	1500	1540	1590
Holland	1360	1320	2170	2530	2080	2400	3900	3580
Norwegen	4250	3860	3900	6340	5210	6380	6620	6610
Portugal	910	1130	1040	1180	1010	1130	950	910
Schweden	4890	5840	6660	7160	6890	7290	7880	7790
Schweiz	4260	4280	3800	3990	3850	4000	4440	4400
Spanien	270	230	230	180	270	320	360	360
USA	7390	7570	7800	7520	6660	6930	7250	7110
Kanada	2900	2900	2950	3210	2800	2990	3130	3210

Der Röstvorgang und seine modernen Verfahren

Das Rösten des Kaffees ist eine unterbrochene, trockene Destillation, mit anderen Worten eine unvollständige Verbrennung. Es erfolgt bei Temperaturen von 190—220° C, je nachdem ob es sich um spezifisch schwere oder leichte Kaffees handelt. Beispielsweise benötigen die schweren Hochlandkaffees die größte Hitze, um richtig gar zu werden. Das Darren, das Knacken und das Entwickeln sind die drei Phasen einer Röstung. Das Darren, welches die längste Zeit in Anspruch nimmt, dient zum Entwässern und Bräunen des Rohkaffees. Seine Endstufe ist das Knacken, d. h. der Zeitpunkt, in dem durch die Hitze die Zellwände des Kaffees gesprengt werden. Darauf folgt das Entwickeln, auch Vollröstung benannt, d. i. das völlige Aufgehen der Bohnen, bis ihre Oberfläche glatt ist und sie die richtige Röstfarbe besitzen. Nur sie gewährleistet das Höchstmaß an gutem Aroma und Geschmack. Die Volumenzunahme beträgt etwa die Hälfte der Ausgangsmenge.
Über die chemischen Umwandlungen, die beim Rösten von Kaffee vor sich gehen, sind wir nur unvollkommen unterrichtet. Dr. M. W. Lindner gibt in seiner „Warenkunde und Untersuchung von Kaffee" diese wie folgt an:

	Zucker	Rohfaser	Chlorogen-säure	Eiweiß	Koffein	Fett
Roh-kaffee	9	24	6	12	1,18	14
Röst-kaffee	3	13	3	11,5	1,2	12

Alle Werte, in Prozenten ausgedrückt, sind hierbei auf wasserfreien Kaffee bezogen.
Demnach werden unter den Kaffee-Inhaltsstoffen sowohl der Zucker als auch die Rohfaser, die Chlorogensäure, das Eiweiß und das Fett verändert. Bei diesen Vorgängen bilden sich die von uns gewünschten Aroma- und Geschmacksstoffe des Röstkaffees, ebenso die Stoffe, welche dem Aufguß die Farbe geben.

Ihre Anzahl beträgt über 100; sie sind bei weitem noch nicht alle identifiziert.

Für uns ist nur wichtig zu wissen, daß sie in ihrer Zusammensetzung vorläufig noch nicht künstlich nachgeahmt werden können.

Der Einbrand beträgt beim Rösten 14—18 %. Von diesem Gewichtsverlust entfällt etwa die Hälfte auf das entwichene Wasser.

Es sind noch keine 100 Jahre verflossen, seitdem in gewerblicher Weise Kaffee geröstet wird. Früher handelte man ihn ausschließlich als Rohware; die Hausfrau oder der Kaffeehausbesitzer rösteten ihn mehr oder minder gut in ihren Bratpfannen.

Vor etwa 90 Jahren begann sich der Kolonialwarenhändler für den Verkauf von geröstetem Kaffee zu interessieren, eine Voraussetzung für die Herstellung von Röstmaschinen für industrielle Zwecke. Anfänglich begnügte man sich mit von Hand betriebenen Apparaten, deren Röstbehälter von außen mit Holz oder Koks beheizt wurden, an denen allerdings ein Probenzieher schon nicht fehlte. Die Kühlung erfolgte in offenen, fahrbaren Kippsieben. Der nächste Fortschritt war der mechanische Kraftantrieb der Anlagen und die Einrichtung zum Abzug der Röstdünste und Kühlluft.

Als Chemiker durch Versuche nachgewiesen hatten, daß beim Rösten in den Kaffeebohnen ein Überdruck entsteht, der das Eindringen von Röstgasen in die Bohnen verhindert, ging man allgemein zur sogenannten Schnellröstung über, bei der der Heißluftstrom unmittelbar auf das Röstgut einwirkt. Die Rösttrommeln werden hierbei teilweise zunächst von außen vom Heißluftstrom bestrichen, um ein richtiges Temperaturverhältnis zwischen Röstgut und Röstbehälter zu erhalten. Anschließend saugt ein kräftiger Exhaustor den Heißluftstrom, dessen Temperatur 300—400° beträgt, durch den Röstbehälter, wobei er von dem wirbelnden Röstgut die sich lösenden Häutchen und den Staub abführt. Die Röstzeit, die bei den ersten Schnellröstern noch bis zu 20 Minuten betrug, konnte im Laufe der Jahre dank konstruktiver Änderung der Maschinen auf 6—10 Minuten herabgesetzt werden, wobei gleichzeitig das Füllvermögen bis auf 4 Ballen gesteigert wurde. Von der Koksheizung ist man inzwischen ganz allgemein zur Gas- oder Ölheizung übergegangen, da beide eine bessere Regulierfähigkeit gewährleisten.

Eng verbunden mit dem Röstvorgang ist der anschließende Kühlprozeß, dem früher nicht immer die erforderliche Sorgfalt gewidmet wurde. Hat das Röstgut den Punkt erreicht, an dem es das Maximum an Aroma und Extraktgehalt hergibt, so ist eine schnelle Kühlung in wenigen Minuten unerläßlich. Hierdurch senkt sich der innere Überdruck in den Bohnen und verhindert ein Verflüchtigen der zu erhaltenden Aromastoffe.
Neben dem weitverbreiteten Trommelröstverfahren sei auf ein Wirbelröstverfahren aufmerksam gemacht, bei dem das Röstgut durch heiße Frischluft von bestimmter Strömungsgeschwindigkeit in der Schwebe gehalten wird. Das Röstgut wird dabei in ein sich nach unten konisch verengendes Gefäß gegeben, in dessen unteren Teil indirekt erhitzte Röstluft einströmt. Die sich beim Rösten lösenden Häutchen ziehen mit der Abluft ab. Der Röstvorgang dauert etwa 2—3 Minuten. Anschließend wird die Röstluft gedrosselt, und die Charge fällt in einen Wirbelkühler, dessen Bodenfläche ein Sieb ist. Die von unten angesaugte Luft wirbelt das geröstete Gut auf und kühlt es in 1—2 Minuten auf Außentemperatur ab, so daß es nicht nachrösten kann. Auch mit dieser Apparatur lassen sich durch Änderungen der Röstzeit und Temperatur verschiedene Röstgrade und Aromastufen erreichen. Die Anlagen werden für Stundenleistungen von 100—1200 kg mit halb- oder vollautomatischer Steuerung hergestellt.
Neben den beschriebenen periodisch arbeitenden Röstmaschinen hat sich besonders im Ausland die kontinuierliche Röstung und Kühlung Eingang verschafft. Hierbei wird Trommeln von mehreren Metern

Zentrum der Hamburger Kaffeewirtschaft
Blick von der Freihafenseite, dem „Zollausland“, über das Becken des Sandtorhafens auf die nach dem Feuersturm von 1943 wiedererstandenen Kontore des Sandthorquais. In den links anschließenden Speichergebäuden befinden sich die Böden der Kaffee-Lagerei G.m.b.H., über deren Krananlagen das „Absetzen“ der Kaffeepartien landseitig für Lkw- und Bahn-Transporte erfolgt. Im Hintergrund die Türme von St. Nikolai und St. Katharinen.

Länge im Gleichstrom mit dem Hitzestrom kontinuierlich Kaffee zugeführt, der am anderen Ende nach Passieren der Kühltrommel diese nach 5—7 Minuten fertig geröstet verläßt. Die Stundenleistung dieser Anlagen beträgt bis 5000 kg. Ein Nachteil besteht bei diesen Anlagen darin, daß eine bestimmte Zeit vergeht, bis der Beharrungszustand zur Erzielung des gewünschten Röstgrades erreicht ist.
Bestand ursprünglich ein gewisser Vorteil dieser Anlagen darin, daß wenig Arbeitskräfte bei größter Leistung erforderlich waren, so ist dieser Vorteil heute fortgefallen, und es gehen auch die größten Betriebe dank besserer Kontrolle des Röstvorganges wieder zur periodischen Röstmethode über, seitdem auch diese Anlagen vollautomatisch arbeiten und ein Röstmeister eine ganze Anzahl Maschinen beobachten kann, deren Gesamtstundenleistung der der kontinuierlichen Röstanlagen entspricht.
Der gesamte Arbeitsprozeß der periodischen Röstanlagen wird hierbei durch einen Temperaturfühler im Röstbehälter gesteuert, der in Verbindung mit Zeitrelais den Röstvorgang, beginnend mit dem Anheizen, Beschicken, Temperaturregulierung während des Röstvor-

Kaffee-Verlesung am Seehandelsplatz
Die im Luftreiniger, dem „Catador", von Staub, Schmutz und Fremdkörpern befreiten Kaffees gelangen auf langsam wandernde Transportbänder, die auf beiden Seiten mit geübten Verleserinnen besetzt sind, welche mit flinken Fingern alles das aus dem Rohgut holen, was noch an Fehlbohnen und Rohtriage in den Partien enthalten ist. Eine Kontrolle am Kopfende der Verlesetische gewährleistet, daß auch das Letzte entfernt wird, was als Ausschuß erkennbar ist. Was so bearbeitet dann endlich die Zolltore passiert, kommt dem Ideal einer Handelsklasse „N.Y.1" nahe: praktisch ohne Fehler.

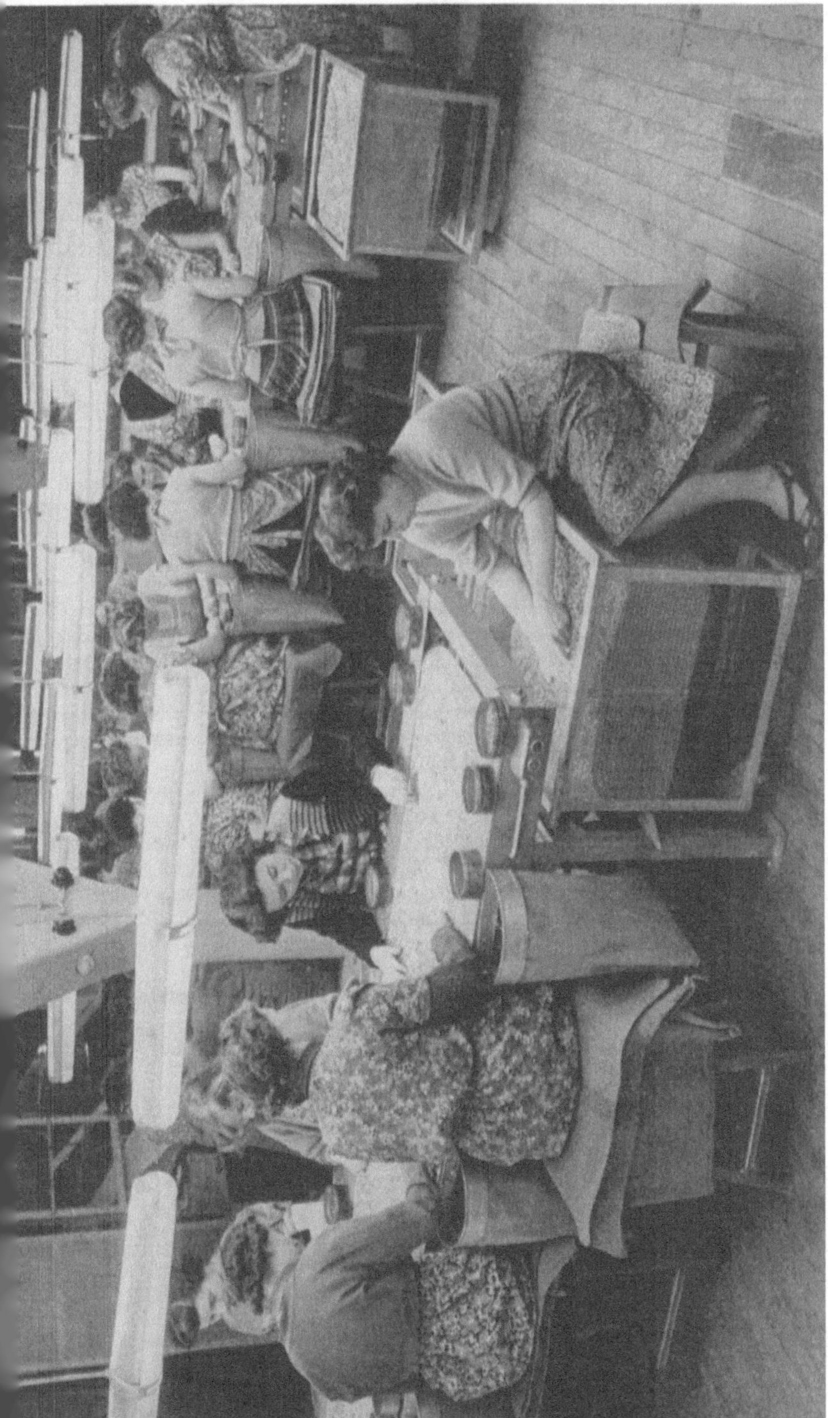

ganges, Abstellen der Hitze bis zur Entleerung auf das Kühlsieb, steuert; auch der Kühlprozeß und die Entleerung des Kühlsiebes erfolgen automatisch.

Schon Betriebe mittleren Umfanges gehen dazu über, die Vorteile dieser neuen technischen Einrichtung im Interesse eines gleichmäßigen Röstproduktes wahrzunehmen.

Der vollautomatische Röstvorgang stellt aber nur einen Teil eines modernen Röstereibetriebes dar. Inzwischen ist man zwecks weiterer Rationalisierung dazu übergegangen, den gesamten Kaffeeablauf automatisch zu steuern. Im folgenden sei eine derartige Arbeitsweise beschrieben:

Der sackweise ankommende Kaffee wird nach Verwiegung im Keller auf fahrbaren Paletten gelagert. Die in den nächsten Tagen benötigten Rohkaffeepartien werden über eine Reinigungsanlage einem vielteiligen Silo mit einem Gesamtfassungsvermögen von 6—50 t oder mehr zugeführt. Über einer z. B. mittels Lochkartensystem ferngesteuerten Waage befinden sich die Ausläufe der einzelnen Silozellen. Benötigt nun eine Röstmaschine eine neue Charge, so fließt der Waage selbständig die gewünschte Rohkaffeemischung aus den einzelnen Zellen zu und gelangt weiter über den angebauten Förderer in den Trichter der Röstmaschine.

Die Anlagen sind so entwickelt, daß, wenn mehrere Röstmaschinen nebeneinander gleichzeitig verschiedene Mischungen rösten, doch automatisch jeweils die richtige Mischung der anfordernden Maschine zufließt. Fehlgattierungen sind hierbei ausgeschlossen. Auch der weitere Fluß des gerösteten und gekühlten Kaffees über einen Entsteiner, evtl. eine Kontrollwaage und weiter zu den einzelnen Zwischenbehältern oder zusätzlichen Mischeinrichtungen bis schließlich zu den Packmaschinen erfolgt völlig automatisch.

Aus primitiven, meist dunklen Rösträumen sind so im Laufe der Jahre moderne Röstereibetriebe geworden, die zeigen, daß der Fachmann dem Artikel Kaffee sein ganzes Interesse widmet, um das Beste aus seiner Ware herauszuholen.

So wie die Arbeitsräume hell und luftig geworden sind, wird jetzt auch auf die Reinhaltung der Luft außerhalb der Röstereien immer mehr Wert gelegt. Geeignete Einrichtungen wurden seitens der Technik

zur Vernichtung der Röstdünste bereitgestellt. Am besten hat sich die Verbrennung der Abgase in besonderen Anlagen bewährt. Hierzu ist eine zusätzliche Heizquelle erforderlich.
Schließlich ist noch die Beantwortung der Frage, ob man einen neu zu errichtenden Röstereibetrieb ein- oder mehrstöckig vorsehen soll, von Interesse; hierbei wird im folgenden außer Betracht gelassen, ob und wieweit die Beschaffung von Grund und Boden dabei eine Rolle spielt. Der Ablauf des Arbeitsprozesses, beginnend mit der Heranbringung der Kaffeesäcke in die Rösterei und endigend mit dem Versand, beansprucht 10—14 Manipulationen, bei denen der Kaffee roh bzw. geröstet von einer Stelle zur anderen geschafft werden muß. Der Transport spielt also im gesamten Arbeitsablauf eine erhebliche Rolle. Der Rohkaffee ist unempfindlich in der Behandlung durch die verschiedensten Transportvorrichtungen im Gegensatz zum Röstkaffee, der, je dunkler er geröstet ist, desto leichter bricht.
Für den Arbeitsprozeß bis zu den Röstmaschinen ist es unter Berücksichtigung der Behandlung des Kaffees daher gleichgültig, ob der Arbeitsverlauf in einem ein- oder mehrstöckigen Gebäude erfolgt. Von dem Moment an, in welchem der Kaffee das Kühlsieb oder den angeschlossenen Entsteiner verläßt, spielt die Transportfrage eine wesentliche Rolle. Will man möglichst weitgehend das natürliche Gefälle zwischen den erforderlichen Röstkaffeebehältern, eventuell eingebauten Verleseanlagen, Mischvorrichtungen oder Mühlen, nochmals Vorratsbehältern und schließlich den Verpackungsmaschinen ausnutzen, so sind die Röstmaschinen hoch zu montieren, was gleichzeitig zur Vereinfachung der Abzugsverhältnisse der Röstdünste, Kühlluft usw. beiträgt.
Der hochliegende Röstkaffeebehälter des Entsteiners neben den Röstmaschinen ermöglicht dabei, mittels horizontal laufender Transportbänder die Zwischenbehälter für das Röstgut so hoch anzuordnen, daß darunter, soweit erforderlich, die Verleserei also noch in der Röstmaschinenetage untergebracht werden kann oder die zusätzlichen Mischvorrichtungen, Mühlen und dergleichen Platz finden. Wählt man dann noch einen Zwischenboden für die Behälter des verlesenen oder zusätzlich gemischten Röstproduktes bzw. Mahlgutes, so können im Erdgeschoß die Packmaschinen und der Versand vorgesehen werden.

Man kommt also für den Ablauf des Röstkaffees mit 3 Etagen oder 2 Etagen unter Verwendung eines Zwischenbodens aus.
Will man aber den Ablauf des gerösteten Kaffees auch ebenerdig durchführen, so sind zwischen den einzelnen Arbeitsvorgängen geeignete Transport- bzw. Hebevorrichtungen vorzusehen, wozu Spezialbecherwerke, aber auch pneumatische Förderanlagen verwandt werden können. Die Verwendung von Zwischenböden in einer geräumigen Halle ist aber auch in diesem Falle meistens angebracht.

Stürzung: Kaffee, der als auf Lager befindlich nicht ausdrücklich „Original" gehandelt wird, muß in sich ordnungsgemäß gestürzt und gleichmäßig ausfallend geliefert werden. Brasilkaffee kann ungestürzt oder gestürzt geliefert werden. (Hamburg-Bremer Verkaufsbedingungen für Kaffee.)

Das „Stürzen", d. h. das absolute Egalisieren einer Rohkaffeepartie derselben Abladung, wird üblicherweise dadurch vorgenommen, daß sie auf den Stürzboden eines Lagerspeichers geschüttet wird, wo man sie durch stetes Umschaufeln auf eine gleichmäßige Durchschnittsqualität bringt und neu einsackt. Bei der modernen Verfahrenstechnik wird dieser Vorgang durch maschinell betriebene Mischanlagen durchgeführt, die bis zu 600 Sack Rohkaffee verarbeiten. Unser Bild zeigt die automatischen Abfüllwagen mit der elektrischen Sacknähmaschine, rechts das Schalt- und Kontrollpult, von dem die Stürzungsanlage gesteuert wird (Kaffee-Lagerei G.m.b.H.)

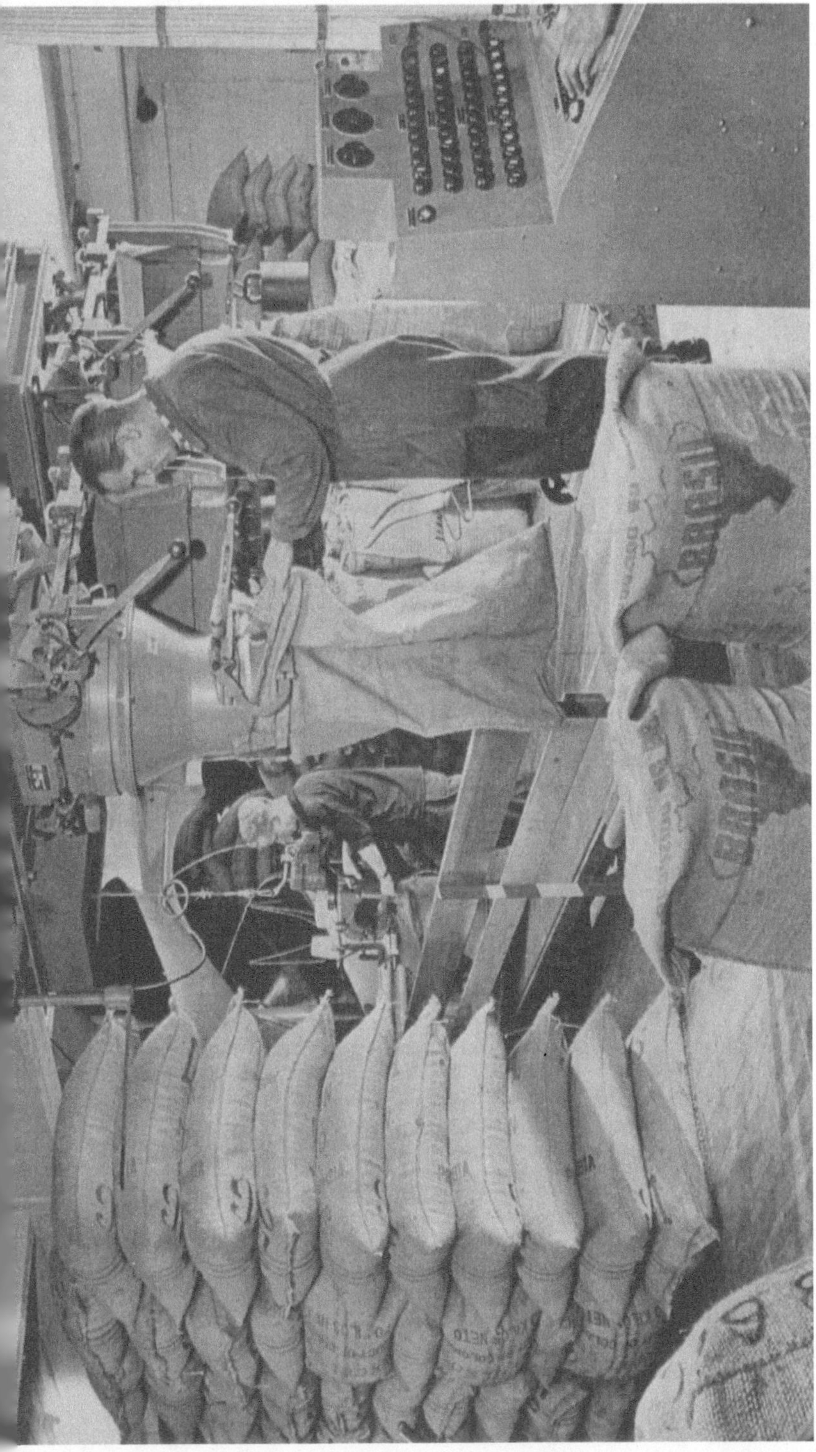

Einzelrösten oder Mischrösten

Die Kaffeesorten einzeln oder gemischt zu rösten, hat zweierlei Beweggründe. Erstens kommt es darauf an, welchen Geschmack man den daraus herzustellenden Kaffeeaufgüssen geben will, zweitens spielen wirtschaftliche Überlegungen mit. Die Beantwortung der Frage, welcher von beiden Röstarten der Vorzug zu geben ist, muß infolgedessen unter Berücksichtigung beider Gesichtspunkte geschehen. Eine für alle Kaffeeröster gültige Anwort gibt es nicht, nur einen Kompromiß. Diesen hiermit zur Diskussion zu stellen, ist Zweck dieser Ausführungen. Früher, in Zeiten weniger Kaffeesorten, aber auch weniger Kaffeeröstereien, konnte die Frage, in Deutschland wenigstens, nur eindeutig zugunsten des Einzelröstens entschieden werden, das als Qualitätsrösten galt. Wer gemischt röstete, bestätigte als Ausnahme diese Regel. Inzwischen hat sich in der Struktur des deutschen Kaffeeröstgewerbes vieles geändert; demzufolge hat das Einzelrösten einigermaßen an Bedeutung verloren.

Die Kaffeeherkünfte und Qualitäten sind zahlreicher geworden. Ferner sind allenthalben zahlreiche neue Kaffeeröstereien hinzugekommen, und außerdem wurde die automatische Röstung eingeführt. Gleichlaufend damit haben sich bei einem großen Teile des Publikums die Geschmacksansprüche auffallend geändert. Sie wurden viel durch die kaffeelose Kriegs- und Nachkriegszeit bedingt, ferner durch den ausländischen Konservenkaffee und nicht zuletzt durch die moderne Reiselust der Deutschen in fremde Länder, wo sie sich an andere Kaffeegebräuche und Mischungen gewöhnt haben.

Wohin sie der Weg führte, sei es nach Skandinavien, England, Holland, Belgien, Frankreich, überall und selbst in der Schweiz, und vor allem in Italien werden die Kaffeeherkünfte zumeist aber gemischt geröstet. Es geschieht dort aus wirtschaftlichen Gründen, der bequemeren und billigeren Herstellung der Kaffeemischungen wegen. Mit Ausnahme von Skandinavien wird in diesen Ländern überdies auch viel dunkler als in Deutschland geröstet, so daß der Röstgeschmack überwiegt.

Nichtsdestoweniger gibt es in diesen Ländern unter den Kaffeeröstern, wenn auch bedeutend weniger als in Deutschland, überall noch ganz entschiedene Anhänger des Einzelröstens, die durch ein Festhalten an diesem glauben, eine bessere Gewähr für ihre künftige Existenz zu haben als durch das Mischrösten. Das Hauptargument dieser Einzelröster ist, daß jede Kaffeepartie ihr eigenes Röstverhalten hat, das man unbedingt beachten muß, will man aus ihr das Vollkommenste an Aroma und Geschmack herausholen.

Ein Santos-Kaffee röstet beispielsweise anders als ein gewaschener Mittel-Amerikaner oder als ein Kolumbia-Kaffee. Ebenso kommt es darauf an, ob man einen hoch- oder niedriggewachsenen Kaffee röstet. Ostafrikanische Kaffeeherkünfte schließlich verlangen überhaupt die kürzesten Röstzeiten mit größter Hitze, wenn sie am besten ausfallen sollen.

Demgegenüber führen die Mischröster zur Begründung ihres Standpunktes an, daß ihr Kaffee im Aussehen viel einheitlicher ist als einzeln gerösteter. Santos, der sonst wohlverstanden weniger Hitze benötigt, um gar zu werden, soll in Mischungen mit gewaschenem keineswegs überröstet werden. Andererseits soll Kenya in Mischröstung ausreichend gar werden. Das Gemisch habe, so argumentieren die Verfechter dieser Röstart, einen viel volleren und abgerundeteren Geschmack als die Mischung aus einzelnen gerösteten Herkünften.

Jede Partei beruft sich auf das Urteil der eigenen Kundschaft, die ihre Röstart vorzöge. Und da bekanntlich über den Geschmack nicht zu streiten ist, haben demnach beide recht. Dieses ist der Kompromiß, zu dem man notgedrungen kommen muß, wenn man sich mit der Frage eingehend beschäftigt.

Zu demselben Ergebnis kommt man aber auch, zieht man zum Vergleich rösttechnische und chemisch-analytische Zahlen heran, um die Streitfrage objektiv beurteilen zu können. Wie sich dabei herausgestellt hat, sind sie für einen derartigen Zweck gut verwendbar. Ein entsprechender Versuch wurde in einem Kaffeelehrgang des F. L. K. Labors unternommen.

Als Mischung dienten:

20 Teile Santos-Kaffee
20 Teile Kolumbia-Kaffee
50 Teile Salvador-Kaffee
10 Teile Kenya-Kaffee.

Die Werte der Vergleichsröstungen und die sonstigen Beobachtungen sind nachfolgend zusammengestellt:

Röstverhalten der Kaffeeherkünfte einzeln geröstet

	Santos			Kolumbia		
	Zeit	Pyrometer	Trommel	Zeit	Pyrometer	Trommel
Einfülltemperatur	0′	200°	240°	0′	210°	240°
Aufknacken	8′	205°	230°	8½′	200°	245°
Ende	12′	200°	235°	13′	200°	235°
Röstfarbe		heller als der Durchschnitt			mittelbraun	

„Hamburger Schälung“
Der im Gebiet des Freihafens durchgeführte Schälprozeß einer in der Pergamenthülse oder Hornschale eingeführten Kaffeepartie gibt dem Importeur die Gewähr, daß das in eigener Regie aufbereitete Endprodukt in jeder Hinsicht den speziellen Wünschen seiner Käufer entspricht. Die besonders sorgfältig vorgenommene „Hamburger Schälung“ hat einen guten Ruf, der seit je jenem Gütebegriff entspricht, der in früheren Zeiten den Qualitätserzeugnissen Zentral-Amerikas den Ehrennamen „en oro“ eintrug, d. h. „Gold der Finqueros“.
Die Abbildung zeigt eine der modernen Schäl- und Polier-Maschinen der Kaffee-Lagerei G.m.b.H.

	Salvador			Kenya		
	Zeit	Pyrometer	Trommel	Zeit	Pyrometer	Trommel
Einfülltemperatur	0′	205°	240°	0′	210°	245°
Aufknacken	8½′	200°	235°	7½′	210°	245°
Ende	12′	200°	240°	9½′	210°	250°
Röstfarbe	etwas heller als der Durchschnitt			mittelbraun		

Röstverhalten der Herkunftsmischung

	Zeit	Pyrometer	Trommel
Einfülltemperatur	0′	210°	240°
Aufknacken	8′	200°	245°
Ende	10′	200°	240°
Röstfarbe		mittelbraun	

Aufgüsse: 6 Gramm je Tasse

	einzeln geröstet und gemischt	*gemischt geröstet*
Farbe:	verhältnismäßig hell	dunkel
Geschmack:	mild-aromatisch, hervorragend feine Säure, mit Milchzusatz am besten.	voll und abgerundet, geringe Säure, verliert stark durch Milch.

Chemische Analyse:

Wassergehalt	1,83 %	2,25 %
Extraktgehalt	25,10 %	26,24 %
Oxydationszahl	5,25	5,25
Chlorogensäure	4,60 %	4,10 %
Gerbstoffgehalt	4,70 %	5,12 %

Geröstet wurden gleiche Mengen mit gleicher Flamme. Diese wurde nach dem Aufknacken gedrosselt, die Aromaklappe wurde jedoch nicht bedient. Die Trommeltemperatur wurde mittels eines elektrischen Thermometers gemessen.
Wie aus den Vergleichsprüfungen hervorgeht, war die Einzelröstung auf gleiche Farbe nicht in allen Fällen vorbildlich gelungen. Santos und Kenya fielen aus der Reihe, da sie ihre Eigenfarbe haben, aber auch ihren geschätzten Eigengeschmack. Sehr einheitlich in Farbe war dagegen der gemischt geröstete Kaffee, jedoch war zu beobachten, daß der Santos zweifellos etwas zuviel Hitze bekommen hatte, der Kenya jedoch zuwenig.
Beim Kenya war zudem auffallend, daß seine Säure bei der gemischt gerösteten Probe weniger durchdrang als bei der Einzelröstung. Dieser Geschmacksunterschied war chemisch auch am Chlorogensäuregehalt nachweisbar. Er war beim Mischrösten stärker abgebaut, dagegen war der mittels der Hautpulvermethode gefundene Gerbstoffgehalt höher geworden. Er ist für den volleren Geschmack verantwortlich zu machen, der alles übertönt. Mit diesem unterschiedlichen Geschmack steht auch der höhere Extraktgehalt der gemischt gerösteten Probe im Einklang.
Hiermit war erwiesen, daß die Mischröstung einer zeitlich verlängerten Röstung gleichkommt. Sie ist dadurch gekennzeichnet, daß Außenseiter, wie Santos- und Kenya-Kaffee, in einer Mischung zwangsläufig in der Weise geröstet werden, wie es die am längsten röstenden Herkünfte verlangen. Sie werden hinsichtlich Röstfarbe, Röstgrad und Geschmack auf diese sozusagen uniformiert, wobei sie selbstverständlich vieles ihrer Eigenart verlieren.
Ob das einen qualitativen Fortschritt bedeutet oder eher ein Abgleiten in die vor allem in außerdeutschen Ländern übliche Konsumröstung, bleibt dahingestellt. Der goldene Mittelweg wird infolgedessen vorläufig immer noch der sein, daß man nur dann Kaffeeherkünfte gemischt röstet, wenn sie hinsichtlich ihres Röstverhaltens tatsächlich auch zusammenpassen.

Kosten-Tabelle für Röster

Die aufgeführten *Röstkaffee*-Preise stellen zunächst die reinen Einstandspreise für unverlesenes Röstgut dar. (Wenn dem *Einbrand*-Verlust ein *Verlese*-Verlust zugeschlagen wird, läßt sich aus den Spalten der *Gesamt-Einstandswert* ablesen, z. B.: Einbrand-Verlust 17 % plus 2½ % Verlese-Verlust = zusammen 19½ %.) Die Zahlen sind errechnet auf Basis:

DM 440.— für 100 kg Rohkaffee (Durchschnittswert)
DM 100.— für 100 kg Zoll
DM 360.— für 100 kg Verbrauchssteuer
plus 4 % Umsatzausgleichssteuer

= *zusammen DM 2.48 per ½ kg gesetzliche Abgaben. Sämtliche Preise gelten für 500 Gramm*

Rohkaffee-Preis		Röstkaffee-Einstandspreis								
unverzollt und unversteuert	verzollt und versteuert	bei einem Einbrand- (evtl. plus Verlese-) Verlust von:								
DM	**(+ DM 2.48)**	**16 %**	**16.5**	**17**	**17.5**	**18**	**18.5**	**19**	**19.5**	**20**
1.50	3.99	4.75	4.78	4.81	4.84	4.87	4.90	4.93	4.96	4.99
1.60	4.09	4.87	4.90	4.93	4.96	4.99	5.02	5.05	5.08	5.12
1.70	4.19	4.99	5.02	5.05	5.08	5.11	5.14	5.18	5.21	5.24
1.80	4.29	5.11	5.14	5.17	5.20	5.23	5.27	5.30	5.33	5.37
1.90	4.39	5.23	5.26	5.29	5.32	5.36	5.39	5.42	5.46	5.49
2.—	4.49	5.35	5.38	5.41	5.45	5.48	5.51	5.55	5.58	5.62
2.10	4.59	5.47	5.50	5.53	5.57	5.60	5.63	5.67	5.70	5.74
2.20	4.69	5.59	5.62	5.65	5.69	5.72	5.76	5.79	5.83	5.87
2.30	4.79	5.70	5.74	5.77	5.81	5.84	5.88	5.92	5.95	5.99
2.40	4.89	5.82	5.86	5.89	5.93	5.97	6.—	6.04	6.08	6.12
2.50	4.99	5.94	5.98	6.01	6.05	6.09	6.13	6.16	6.20	6.24
2.60	5.09	6.06	6.10	6.13	6.17	6.21	6.25	6.29	6.33	6.37
2.70	5.19	6.18	6.22	6.26	6.29	6.33	6.37	6.41	6.45	6.49
2.80	5.29	6.30	6.34	6.38	6.41	6.45	6.49	6.53	6.57	6.62
2.90	5.39	6.42	6.46	6.50	6.54	6.58	6.62	6.66	6.70	6.74
3.—	5.49	6.54	6.58	6.62	6.66	6.70	6.74	6.78	6.82	6.87

Kaffee in der Standardpackung

Nach der Röstung muß der Kaffee in geeigneter Verpackung dem Verbraucher zugeführt werden. Auf dem deutschen Markt haben sich einige Standard-Packungsgrößen eingebürgert, die den Wünschen der Hausfrauen entsprechen:
Es handelt sich vor allem um 62,5- und 125-g-Beutelpackungen (Weichpackungen), die überwiegend maschinell, d. h. halb- oder auch vollautomatisch hergestellt werden.
Bei der halbautomatischen Abfüllung werden vorgefertigte Beutel verwendet, die entweder von Hand unter eine automatische Waage gehalten, gefüllt und dann noch von Hand verschlossen werden oder aber auch durch halbautomatische Beutel-Füll- und Schließmaschinen gefüllt und geschlossen werden.
Die rationellste Herstellungsmethode ist natürlich die vollautomatische, bei der die Packung selbst auf der Maschine angefertigt, gewichtsgenau gefüllt und verschlossen wird. Hierbei wird das Packmaterial (Papier, Pergamin, Alufolie, beschichtetes und siegelfähiges Material) für den Innenbeutel immer, für den Außenbeutel in den meisten Fällen von der Rolle genommen, in der Maschine zu einer Doppelpackung geformt, mittels eichfähiger, vollautomatischer Präzisionswaagen gewichtsgenau gefüllt und dann verschlossen. Der Kopfverschluß kann hierbei verschieden ausgebildet sein, z. B. hochstehender Einrollverschluß (Packung nicht stapelfähig) oder heruntergefalteter Verschluß mit darübergeklebtem Etikett. Derartige Paketieranlagen bewältigen bis zu 28 000 Packungen pro Tag bei einer Bedienung von zwei Personen.
Die Hausfrau kauft am liebsten röstfrischen Kaffee in Bohnen und läßt ihn vielfach im Geschäft gleich mahlen.
In Kürze kommt eine vollautomatisch hergestellte Packung auf den Markt, die durch die Eigenschaften des Packmaterials (Alu-Verbundfolie) und durch einen besonderen Verschluß weitgehend aromafest ist, sehr leicht geöffnet und auch aromadicht wieder verschlossen werden kann und stapelfähig ist.
Die Packung ist mit einem sogenannten Garantieverschluß versehen

und kann, was ja für die Markenfirmen außerordentlich wichtig ist, nach dem Mahlen des Kaffees weiterverwendet und immer wieder dicht verschlossen werden.
Die Anforderungen der Konsumenten an die Kaffeepackung steigen laufend. Die Verpackungsmaschinen-Industrie ist bemüht, diesen Wünschen nachzukommen. Es ist z. B. jetzt möglich, Kaffee in vollautomatisch hergestellte Frischhalte-Beutelpackungen (Weichpackungen) abzufüllen, bei denen durch Entzug von Sauerstoff und Zugabe von Stickstoff die Alterung des Kaffees über längere Zeit aufgehalten werden kann.

Eine Ecke von 20 000 Tonnen Kaffee

Auf den Speichern des Hamburger Freihafens lagern zu fast jeder Zeit etwa 320 000 Sack Rohkaffee aus aller Welt, eine Menge, die 3100 gedeckte Eisenbahnwaggons füllen würde. Dieser Lagervorrat kann den Bedarf der Bundesrepublik für anderthalb Monate dekken, und jeder Abzug wird sogleich wieder durch neue Einfuhren ergänzt.
Das Bild zeigt eine der doppelten Wendelrutschen, wie sie auf modernen Speichern den raschen Abtransport der Stapel von den verschiedenen Böden zu den Verladerampen in den Untergeschossen vermitteln (Kaffee-Lagerei G.m.b.H.).

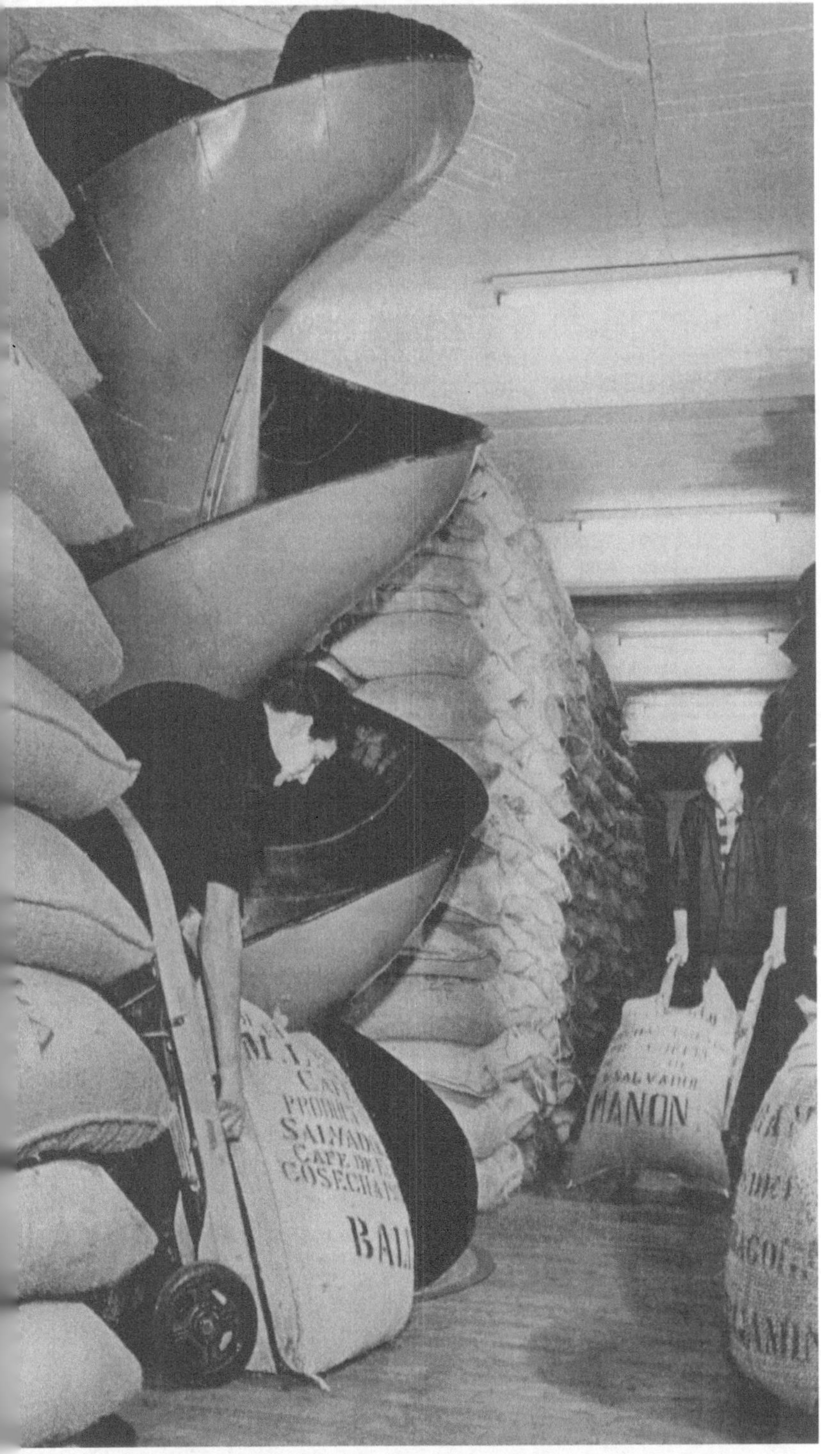
MANON

Der Kaffeeröster im Paragraphenwald

Der Verfasser dieses Abschnittes war selber überrascht, welcher Unzahl gesetzlicher Bestimmungen sich ein Kaffeeröster gegenübersieht. Wollte man alle Vorschriften zusammenstellen, die auf einen Röstereibetrieb während seiner gesamten Lebensdauer theoretisch Anwendung finden könnten, so wäre dazu ein besonderes Buch erforderlich. Daher sollen hier hauptsächlich einige Spezialbestimmungen ausführlich wiedergegeben werden, während auf andere, allgemeinere Gesetze und Verordnungen nur kurz hingewiesen werden kann.

Am Anfang dieser kleinen juristischen Betrachtung muß die Frage stehen, ob denn jedermann ohne weiteres eine Kaffeerösterei eröffnen kann. Dazu sagt Art. 12 des *Grundgesetzes:*

> „Alle Deutschen haben das Recht, Beruf, Arbeitsplatz und Ausbildungsstätte frei zu wählen. Die Berufsausübung kann durch Gesetz geregelt werden."

Ähnlich heißt es in § 1 der *Gewerbeordnung:*

> „Der Betrieb eines Gewerbes ist jedermann gestattet, soweit nicht durch dieses Gesetz Ausnahmen oder Beschränkungen vorgeschrieben oder zugelassen sind."

Demnach kann sich grundsätzlich jedermann für den Beruf des Kaffeerösters entscheiden. Das bedeutet aber nicht, daß dabei keinerlei gesetzliche Bestimmungen zu berücksichtigen wären. So schreibt z. B. § 14 I der *Gewerbeordnung* folgendes vor:

> „Wer den selbständigen Betrieb eines stehenden Gewerbes anfängt, muß der für den Ort, wo solches geschieht, nach den Landesgesetzen zuständigen Behörde gleichzeitig Anzeige davon machen."

Auch einige weitere Bestimmungen der *Gewerbeordnung* kommen noch in Betracht: Will der Röster den Kaffee über offene Verkaufsstellen absetzen, so hat er außen an den Läden gemäß § 15a der Gewerbeordnung ein Schild mit seinem Namen bzw. seiner Firma anzubringen. Will er Kaffee im ambulanten Handel absetzen, benötigt er einen Wandergewerbeschein (§ 55 der Gewerbeordnung).

Aber es sind durchaus nicht nur öffentlich-rechtliche Vorschriften, die der Kaffeeröster bei der Eröffnung seines Betriebes zu berücksichtigen hat: Das *Handelsgesetzbuch* verpflichtet ihn als Vollkaufmann (§ 1 II Z. 1) zur Eintragung seiner Firma ins Handelsregister (§ 29); wie die Firma zu lauten hat, richtet sich nach §§ 17 ff. HGB.

Bisher wurde stillschweigend davon ausgegangen, daß sich ein Einzelkaufmann entschließt, einen Röstereibetrieb zu gründen. Schließt er sich jedoch mit anderen Personen zu einer Gesellschaft zusammen, kommen noch weitere Vorschriften in Betracht: §§ 105 ff. und §§ 335 ff. HGB (offene Handelsgesellschaft, Kommanditgesellschaft, Stille Gesellschaft), das *Gesetz, betreffend die Gesellschaften mit beschränkter Haftung*, evtl. sogar das *Aktiengesetz.*

Bei der Anschaffung der Betriebsausstattung ist dann das Kaufrecht des *Bürgerlichen Gesetzbuchs* (§§ 433 ff.) und des *Handelsgesetzbuches* (§§ 373 ff.) zu beachten. Mit der Einstellung der Arbeitskräfte begibt sich der Röster auf das Gebiet des Arbeitsrechts (Grundlage: Vorschriften des BGB über den Dienstvertrag, §§ 611 ff.). Angenommen, die Ausstattung des Betriebes — sowohl mit Arbeitskräften als auch mit Maschinen und sonstigen Einrichtungsgegenständen — sei vollendet und der Röster beginne seine Tätigkeit. Beim Einkauf des ersten Sackes Rohkaffee macht er die Bekanntschaft mit dem Zoll- und Steuerrecht. Neben dem *Zollgesetz* ist hier insbesondere auf den *Deutschen Zolltarif 1959* hinzuweisen, und zwar auf folgende Positionen:

		EGKS/EWG/EURATOM:	Drittländer:
09.01	Kaffee, auch geröstet oder entkoffeiniert; Kaffeeschalen und -häutchen; Kaffeemittel mit beliebigem Gehalt an Kaffee:	(DM per 100 kg)	
	A — Kaffee:		
	1 — nicht geröstet:		
	a — m. einem Koffeingehalt von mehr als 0,2 Gewichtshundertteilen . .	100	100

	b — m. einem Koffeingehalt v. 0,2 Gewichtshundertteilen oder weniger	195	195
	2 — anderer	195	195
	B — Kaffeeschalen und Kaffeehäutchen	0,90	1
	C — Kaffeemittel m. beliebigem Gehalt an Kaffee	195	195
21.01	Geröstete Zichorienwurzeln u. andere geröstete Kaffeemittel	(% des Wertes)	
	sowie Auszüge hieraus	27	30
21.02	Auszüge oder Essenzen aus Kaffee, Tee oder Mate; Zubereitungen auf der Grundlage solcher Auszüge oder Essenzen	31,5	35

Im *Kaffeesteuergesetz* heißt es u. a.:

§ 1: „Kaffee unterliegt einer Abgabe (Kaffeesteuer). Die Kaffeesteuer ist Verbrauchssteuer im Sinne der Reichsabgabenordnung".

§ 2 setzt die Steuerhöhe fest. Nach dem Änderungsgesetz vom 23. Dez. 1958 beträgt die Steuer für

09.01-A-1 3,60 DM pro kg,
09.01-A-2 4,80 DM pro kg.

§ 2 II: „Der Bundesminister der Finanzen wird ermächtigt, für Mischungen von gebranntem, auch gemahlenem Kaffee mit anderen Stoffen aus Nr. 0901-B des Zolltarifs und für Kaffee-Extrakte, Kaffee-Essenzen und ähnliche Zubereitungen auf der Grundlage von Kaffee der Nr. 2102 des Zolltarifs durch Rechtsverordnung Steuersätze festzusetzen, die die bei der Herstellung dieser Mischungen oder dieser Zubereitungen verwendete Kaffeemenge berücksichtigen."

(Anm.: Die Nr. 0901-B ist nicht mit der heutigen Position 0901-B identisch! Unter 0901-B fielen seinerzeit: „Kaffee, gebrannt, auch gemahlen oder in beliebigem Verhältnis mit anderen Stoffen gemischt, einschließlich Abfall".)

Der Bundesfinanzminister hat von der im Kaffeesteuergesetz ausgesprochenen Ermächtigung erstmals 1955 Gebrauch gemacht. An die Stelle der betreffenden VO ist inzwischen die *Verordnung über die Festsetzung von Kaffeesteuersätzen* vom 14. 2. 1958 getreten.
Außer der Kaffeesteuer wird bei der Kaffee-Einfuhr Umsatzausgleichsteuer fällig (*Ausgleichsteuerordnung* = Durchführungsbestimmungen zum Umsatzsteuergesetz). Die Ausgleichsteuer beträgt gemäß § 5 I AStO 4 %. Für die Berechnung werden beim Rohkaffee jeweils Durchschnittswerte festgesetzt (seit 21. 11. 1959 DM 440,— per 100 kg). Das Schema der Ausgleichssteuerberechnung sieht folgendermaßen aus:

Einfuhrmenge · Durchschnittswert
\+ Zoll
\+ Verbrauchssteuer (vgl. § 6 I UStG)

4 % der Summe = Ausgleichsteuer

Auf die übrigen steuerrechtlichen Vorschriften, die von Kaffeeröstereien zu beachten sind, kann hier nur hingewiesen werden. In Betracht kommen vor allem folgende Steuerarten: ESt, KSt, USt, GewSt, VSt, GrSt, GrESt, Wechselsteuer. Nur im Umsatzsteuerrecht wird Kaffee speziell erwähnt.

Eine zweite große Gruppe von öffentlich-rechtlichen Vorschriften, die der Kaffeeröster zu beachten hat, sind außer den Steuergesetzen die lebensmittelrechtlichen Bestimmungen.
Aus dem *Gesetz über den Verkehr mit Lebensmitteln und Bedarfsgegenständen (Lebensmittelgesetz):*

§ 1 I: „Lebensmittel im Sinne dieses Gesetzes sind alle Stoffe, die dazu bestimmt sind, in unverändertem oder zubereitetem oder verarbeitetem Zustand von Menschen gegessen, gekaut oder getrunken zu werden, soweit sie nicht überwiegend zur Beseitigung, Linderung oder Verhütung von Krankheiten bestimmt sind."

§ 3: „Es ist verboten,

1. a) Lebensmittel für andere derart zu gewinnen, herzustellen, zuzubereiten, zu verpachten, aufzubewahren, zu befördern oder sonst zu behandeln, daß ihr Genuß die menschliche Gesundheit zu schädigen geeignet ist;

b) Gegenstände, deren Genuß die menschliche Gesundheit zu schädigen geeignet ist, als Lebensmittel anzubieten, zum Verkauf vorrätig zu halten, feilzuhalten, zu verkaufen oder sonst in den Verkehr zu bringen;

..."

§ 4: „Es ist verboten,

1. zum Zwecke der Täuschung im Handel und Verkehr Lebensmittel nachzumachen oder zu verfälschen;
2. verdorbene, nachgemachte oder verfälschte Lebensmittel ohne ausreichende Kenntlichmachung anzubieten, feilzuhalten, zu verkaufen oder sonst in den Verkehr zu bringen; auch bei Kenntlichmachung gilt das Verbot, soweit sich dies aus den auf Grund des § 5 Nr. 5 getroffenen Festsetzungen ergibt;
3. Lebensmittel unter irreführender Bezeichnung, Angabe oder Aufmachung anzubieten, zum Verkauf vorrätig zu halten, feilzuhalten, zu verkaufen oder sonst in den Verkehr zu bringen. Dies gilt auch, wenn die irreführende Bezeichnung, Angabe oder Aufmachung sich bezieht auf die Herkunft der Lebensmittel, die Zeit ihrer Herstellung, ihre Menge, ihr Gewicht oder auf sonstige Umstände, die für die Bewertung mitbestimmend sind."

§ 4a I (eingefügt durch das Gesetz vom 21. 12. 1958):

„Lebensmitteln, die dazu bestimmt sind, gewerbsmäßig in den Verkehr gebracht zu werden, dürfen bei der Gewinnung, Herstellung oder Zubereitung fremde Stoffe unvermischt oder nach Vermischen mit anderen Lebensmitteln nur zugesetzt werden, wenn sie hierfür ausdrücklich zugelassen sind."

(Der Innenminister erhält durch § 5a die erforderliche Ermächtigung zum Erlaß der betreffenden Verordnungen.)

Aus der *Verordnung über die äußere Kennzeichnung von Lebensmitteln (Lebensmittelkennzeichnungs-VO):*

§ 1 I: „Der Kennzeichnungspflicht unterliegen folgende Lebensmittel, sofern sie in Packungen oder Behältnissen an den Verbraucher abgegeben werden:

...

16. Kaffee, Kaffee-Ersatzstoffe und Kaffee-Zusatzstoffe ..."

II: „Ohne die vorgeschriebene Kennzeichnung dürfen diese Lebensmittel in den Packungen oder Behältnissen nicht feilgehalten, verkauft oder sonst in den Verkehr gebracht werden."

§ 2: „Auf den Packungen ... müssen an einer in die Augen fallenden Stelle in deutscher Sprache und in deutlich sichtbarer, leicht lesbarer Schrift angegeben sein:

1. Der Name oder die Firma und der Ort der gewerblichen Hauptniederlassung dessen, der das Lebensmittel hergestellt hat ...;
2. der Inhalt nach handelsüblicher Bezeichnung;
3. der Inhalt nach deutschem Maß oder Gewicht zur Zeit der Füllung ..."

„An Stelle der im Abs. 1 Nr. 3 vorgeschriebenen Angaben ist folgendes anzugeben:

...

10. bei Kaffee-Ersatzstoffen und Kaffee-Zusatzstoffen der Inhalt nach Gewicht zu dem Zeitpunkt, zu dem die Ware in den Verkehr gebracht wird."

Für Kaffee sind schließlich zwei Spezialverordnungen erlassen worden, die *Verordnung über Kaffee* (durch das Gesetz zur Änderung des Lebensmittelgesetzes ausdrücklich in Kraft gelassen) sowie die *Verordnung über Kaffee-Ersatzstoffe und Kaffee-Zusatzstoffe.*

Verordnung über Kaffee
vom 10. Mai 1930 (RGBl. I, S. 169)

Auf Grund des § 5 Nr. 1a, b, Nr. 2, 4 des Lebensmittelgesetzes vom 5. Juli 1927 (RGBl. I, S. 134) wird nach Zustimmung des Reichsrates und nach Anhörung des zuständigen Ausschusses des Reichstags sowie des nach § 6 des Gesetzes verstärkten Reichsgesundheitsrats verordnet:

§ 1
Begriffsbestimmungen

(1) *Kaffee (Kaffeebohnen, Bohnenkaffee)* sind die von der Fruchtschale vollständig und von der Samenschale (Silberhaut) nach Möglichkeit befreiten, rohen oder gerösteten, ganzen oder zerkleinerten Samen von Pflanzen der Gattung Coffea.

(2) *Unverlesener Kaffee* ist der im Großhandel befindliche, noch nicht durch Beseitigung der minderwertigen und fremden Bestandteile gereinigte rohe Kaffee.

(3) Als *Kaffeesorten* werden im allgemeinen unterschieden:

1. nach der *geographischen Herkunft:*
   - a) südamerikanischer Kaffee:
     brasilianischer (Santos-, Rio-, Bahia-, Parana-) Kaffee, Venezuela-, Columbia-Kaffee;
   - b) mittelamerikanischer Kaffee:
     Guatemala, Costarica-, Mexiko-, Nicaragua-, Salvador-Kaffee;
   - c) westindischer Kaffee:
     Cuba-, Jamaika-, Haiti-, Domingo-, Portorico-Kaffee;
   - d) ostindischer Kaffee:
     Mysore-, Coorg-, Neilgherry-, Java-, Sumatra- (Padang), Celebes (Menado-) Kaffee;
   - e) arabischer (Mokka-) Kaffee:
   - f) afrikanischer Kaffee:
     abessinischer (Mokka-), ostafrikanischer, westafrikanischer, Kongo-Kaffee;

2. nach der pflanzlichen Abstammung:

Kaffee nach Coffea arabica L., Kaffee von Coffea liberica Bull (Liberia-Kaffee);

3. nach der *Stufe der Zubereitung:*
roher, gerösteter, gemahlener Kaffee.

(4) der *Wassergehalt* des gerösteten Kaffees schwankt zwischen 1,5 und 5 Hundertteilen.

(5) Perlkaffee ist Kaffee aus einsamig entwickelten Kaffeefrüchten.

(6) Bruchkaffee (Kaffeebruch) sind zerbrochene Kaffeebohnen.

(7) Ausschußkaffee ist Kaffee, der vorwiegend aus den bei der Verlesung von Kaffee abfallenden Bohnen und deren Bruchstücken besteht.

(8) Kaffeemischungen und gleichsinnig bezeichnete Erzeugnisse sind Gemische verschiedener Kaffeesorten.

(9) Kaffee-Extrakt und Kaffee-Essenz sind ausschließlich aus gerösteten, zerkleinerten Kaffeebohnen hergestellte, mehr oder weniger eingedickte, wäßrige Auszüge.

(10) Koffeinarmer Kaffee ist Kaffee, dessen Koffeingehalt höchstens 0,2 Hundertteile beträgt.

(11) Koffeinfreier Kaffee ist Kaffee, dessen Koffeingehalt höchstens 0,08 Hundertteile beträgt.

§ 2

Verbote zum Schutze der Gesundheit

(1) Es ist besonders verboten:

1. Kaffee, Kaffeemischungen, Kaffee-Extrakt oder Kaffee-Essenz mit gesundheitsschädlichen Farbstoffen zu färben;
2. Kaffee oder Kaffeemischungen mit arsenhaltigem Schellack oder mit sonstigen Glasurmitteln zu überziehen, deren Genuß die menschliche Gesundheit zu schädigen geeignet ist;

3. Kaffee, Kaffeemischungen, Kaffee-Extrakt oder Kaffee-Essenz mit Borsäure, deren Salzen oder deren Verbindungen zu behandeln.

(2) Es ist verboten, derartig hergestellte Erzeugnisse in den Verkehr zu bringen.

§ 3

Grundsätze für die Beurteilung

Als verdorben sind insbesondere anzusehen und auch bei Kenntlichmachung vom Verkehr ausgeschlossen:

1. Kaffee, der infolge unzweckmäßiger Art der Ernte oder der weiteren Behandlung, infolge Beschädigung durch See- oder Flußwasser (Havarie), ungeeigneter Lagerung oder anderer Umstände in rohem oder geröstetem Zustande oder in dem daraus bereiteten Getränk eine derart ungewöhnliche Beschaffenheit, insbesondere einen so fremdartigen oder widerwärtigen Geruch oder Geschmack aufweist, daß er zum Genuß ungeeignet ist;
2. Kaffee, der stark vom Schimmel befallen oder stark verunreinigt ist;
3. gerösteter Kaffee, der ganz oder zu einem erheblichen Teil verkohlt ist;
4. gerösteter Kaffee, der aus verdorbenem rohem Kaffee hergestellt ist;
5. Kaffee-Extrakt und Kaffee-Essenz, die aus verdorbenem Kaffee hergestellt sind.

§ 4

Als nachgemacht sind insbesondere anzusehen und auch bei Kenntlichmachung vom Verkehr ausgeschlossen künstliche Kaffeebohnen.

§ 5

Als verfälscht sind insbesondere anzusehen und, außer in den Fällen der Nr. 3, 10, 15, 18, auch bei Kenntlichmachungen vom Verkehr ausgeschlossen:

1. roher Kaffee, der mehr als 5 Hundertteile fremde Bestandteile enthält, ausgenommen Ausschußkaffee und unverlesener Kaffee;

2. gerösteter Kaffee, der mehr als 3 Hundertteile fremde Bestandteile enthält, ausgenommen Ausschußkaffee und unverlesener Kaffee;
3. durch See- oder Flußwasser in seinem Genußwerte wesentlich herabgesetzter (havarierter) Kaffee, auch wenn er mit anderem Kaffee gemischt ist, sofern nicht die minderwertige Beschaffenheit aus der Bezeichnung hervorgeht;
4. gerösteter Kaffee, der mehr als 5 Hundertteile Wasser enthält;
5. Kaffee, der zur Erhöhung des Gewichtes unmittelbar oder mittelbar mit Wasser beschwert worden ist;
6. Kaffee, dem Holzmehl oder andere bei seiner Reinigung verwendete Stoffe in einer technisch vermeidbaren Menge anhaften;
7. Kaffee, dessen minderwertige Beschaffenheit durch Farb- oder Überzugstoffe verdeckt worden ist;
8. gerösteter Kaffee, der künstlich gefärbt ist;
9. gerösteter Kaffee, der mit anderen Überzugstoffen versehen ist als Rüben- oder Rohzucker, Stärkezucker (Kandiermittel), arsenfreiem Schellack, anderen gesundheitsschädlichen Harzen oder Wachsen oder Gemischen von solchen (Glasurmittel);
10. gerösteter Kaffee, der mit den nach Nr. 9 zulässigen Kandiermitteln versehen und nicht als kandiert gekennzeichnet ist;
11. Kandierter Kaffee, bei dem auf 100 Teile rohen Kaffee mehr als 8 Teile Zucker verwendet sind und der mehr als 4 Teile abwaschbare Stoffe enthält;
12. kandierter Kaffee, bei dem auf 100 Teile rohen Kaffee mehr als 0,5 Teile Glasurmittel mitverwendet worden sind;
13. glasierter Kaffee, bei dem auf 100 Teile rohen Kaffee mehr als 0,5 Teile Glasurmittel verwendet worden sind;
14. Kaffee, der mit Alkali- oder Erdalkali-Hydroxyden oder Karbonaten, Zuckerkalk (Kalziumsaccharat), Ammoniak, Ammoniumsalzen oder schwefeliger Säure behandelt worden ist;
15. Kaffee, dem Koffein entzogen worden ist, sofern er nicht als koffeinarm bzw. koffeinfrei gekennzeichnet ist;
16. Kaffee, dem, unbeschadet kleiner technisch nicht vermeidbarer Mengen bei der Herstellung von koffeinarmem oder koffeinfreiem Kaffee, andere wasserlösliche Bestandteile entzogen worden sind;

17. Kaffee, dem künstliche Kaffeebohnen, Lupinen, Sojabohnen oder andere Kaffee-Ersatzstoffe beigemischt sind, die in der Mischung mit Kaffeebohnen mit diesen verwechselt werden können;
18. Kaffee, dem andere als die in Nr. 17 bezeichneten Kaffee-Ersatzstoffe oder Kaffee-Zusatzstoffe beigemischt sind, sofern nicht die Mischung als Kaffee-Ersatz-Mischung gekennzeichnet und der Mindestgewichtsanteil des Kaffees in der Mischung zahlenmäßig richtig angegeben ist;
19. Kaffee, dem andere als die nach Nr. 9, 18 zulässigen Stoffe beigemischt sind.

§ 6

Eine irreführende Bezeichnung, Angabe oder Aufmachung liegt insbesondere vor:

1. Wenn im Verkehr mit Kaffee, Kaffee-Ersatzstoffen oder Kaffee-Zusatzstoffen ein Erzeugnis, das den im § 1 gegebenen Begriffsbestimmungen nicht entspricht, als Kaffee oder als eine bestimmte Kaffeesorte oder, vorbehaltlich des § 5 Nr. 5 der Verordnung über Kaffee-Ersatzstoffe und Kaffee-Zusatzstoffe vom 10. Mai 1930 (Reichsgesetzblatt I, S. 171), mit einer das Wort Kaffee enthaltenden Wortbildung bezeichnet wird;
2. wenn ein Kaffee mit einer Herkunftsbezeichnung versehen wird, ohne aus dem entsprechenden Erzeugungsgebiet zu stammen;
3. wenn eine Kaffeemischung mit einer Herkunftsbezeichnung versehen wird, ohne daß der aus dem entsprechenden Erzeugungsgebiet stammende Anteil der Menge nach überwiegt und die Eigenart der Mischung bestimmt;
4. wenn ein Kaffee, der mehr als 0,2 Hundertteile Koffein enthält, als koffeinarm oder gleichsinnig bezeichnet wird;
5. wenn ein Kaffee, der mehr als 0,08 Hundertteile Koffein enthält, als koffeinfrei oder gleichsinnig bezeichnet wird;
6. wenn ein Erzeugnis als Kaffee-Extrakt oder als Kaffee-Essenz bezeichnet wird, ohne der Begriffsbestimmung im § 1 Abs. 9 zu entsprechen.

7. wenn im Verkehr mit Kaffee entgegen den Tatsachen auf eine besonders gute Beschaffenheit oder eine besonders sorgfältige Art der Herstellung hingewiesen wird;
8. wenn einem Kaffee entgegen den Tatsachen eine besonders diätetische oder gesundheitliche Wirkung zugeschrieben wird.

§ 7

Maschinen zur Herstellung künstlicher Kaffeebohnen

Es ist verboten, Maschinen oder Vorrichtungen, die zur Herstellung künstlicher Kaffeebohnen bestimmt sind, herzustellen oder in den Verkehr zu bringen.

§ 8

Diese Verordnung tritt am 1. Oktober 1930 in Kraft.

Zu dieser VO über Kaffee gibt es eine „Amtliche Begründung", die allerdings zu umfangreich ist, um sie hier in vollem Wortlaut wiederzugeben. Einige wesentlich erscheinende Punkte seien im folgenden jedoch angeführt[1].

Zu § 1, Abs. 2. „Unverlesener Kaffee" kann sowohl geröstet wie ungeröstet (roh) sein. Unverlesener Kaffee kommt im allgemeinen nur im Großhandel vor. Für die Beurteilung unverlesenen Kaffees gilt nicht die im § 5 Nr. 1 festgesetzte Grenzzahl.

Zu § 1, Abs. 4. Die Begriffsbestimmung für Kaffee bedarf einer ergänzenden Angabe, in welchen Grenzen der Wassergehalt des rohen und gerösteten Kaffees schwankt. Werden die unteren Grenzwerte unterschritten, so bestehen dagegen keine Einwendungen, bei Überschreitung der Höchstgrenze gilt der Kaffee als verfälscht (vgl. § 5 Nr. 4).

Zu § 1, Abs. 7. Ausschußkaffee ist nach der Begriffsbestimmung ein minderwertiger, also billiger Kaffee, der im Handel auch die Bezeichnung „Triage" führt (vgl. § 5 Nr. 1).

[1] Nach Söhn, Kleine Kaffeekunde.

Zu § 1, Abs. 8. Als gleichsinnig mit dem Worte „Kaffeemischungen" ist z. B. die Bezeichnung „Melange", auch in Wortverbindungen wie „Volksmelange", anzusehen. Mischungen, die außer Kaffee (Kaffeebohnen) noch Kaffee-Ersatzstoffe oder Kaffee-Zusatzstoffe enthalten, dürfen nicht als „Kaffeemischungen", sondern müssen als „Kaffee-Ersatz-Mischungen" bezeichnet werden (vgl. § 5 Nr. 18 dieser Verordnung und § 1 Abs. 12 der Verordnung über Kaffee-Ersatzstoffe und Kaffee-Zusatzstoffe).

Zu § 3, Abs. 1. Durch See- oder Flußwasser (Havarie) beschädigter Kaffee ist nicht unbedingt als verdorben anzusehen, sondern nur dann, wenn der Kaffee dadurch zum Genusse untauglich geworden ist. Leicht havarierter Kaffee, der nur in seinem Genußwerte herabgesetzt ist, darf nach § 5, Abs. 3 unter entsprechender Bezeichnung in den Verkehr gebracht werden.

Zu § 3, Abs. 4. Ist roher Kaffee verdorben, so soll dieser Mangel nicht durch Rösten äußerlich verdeckt werden. Dadurch würde dem Kaffee nur der Schein einer normalen Beschaffenheit verliehen, da die Verdorbenheit durch das Rösten nicht beseitigt werden kann.

Zu § 5, Abs. 1, 2. Unter minderwertigen Bestandteilen des Kaffees sind insbesondere solche Kaffeebohnen zu verstehen, die von der normalen Beschaffenheit der Bohne wesentlich abweichen, wie z. B. eingetrocknete Kaffeefrüchte (Kaffeekirschen), Bohnen mit der Pergamentschicht u. dgl. Fremde Bestandteile bilden z. B. Steinchen, Erd- und Holzstückchen, Stiele, Schalen und fremde Samen. Für Ausschußkaffee und unverlesenen Kaffee gilt eine Ausnahme, weil der Ausschußkaffee vorwiegend aus den Abfallbohnen besteht und unverlesener Kaffee noch nicht von den fremden Bestandteilen durch Verlesen befreit ist.

Zu § 5, Abs. 3. Die Minderwertigkeit von havariertem, aber noch genußtauglichem Kaffee darf nicht lediglich aus dem Preis hervorgehen, sondern muß ausdrücklich gekennzeichnet sein.

Zu § 5, Abs. 4, 5. Bei Überschreitung der Grenzzahl gilt der Kaffee stets als verfälscht, einerlei, wie das Wasser hineingelangt ist. Die Beschwerung mit Wasser gilt auch dann als Verfälschung, wenn die in Nr. 4 festgesetzte Höchstmenge nicht erreicht ist. Eine mittelbare Beschwerung mit Wasser kann z. B. dadurch eintreten, daß Kaffee in feuchten Räumen gelagert oder mit flüssigen Glasurmitteln behandelt wird. Das Waschen oder Befeuchten des Kaffees vor dem Rösten wird in der Regel nicht als Beschwerung anzusehen sein.

Zu § 6, Abs. 1. Den Anforderungen des § 1 müssen auch solche Erzeugnisse entsprechen, die nicht als Kaffee, sondern mit dem Namen einer Kaffeesorte, z. B. Menado, Mokka, oder mit einem enstprechenden Handelsnamen, z. B. Melange, bezeichnet sind.

Zu § 6, Abs. 7. Das Verbot bezweckt Bezeichnungen oder Angaben, die auf ein nach Beschaffenheit oder Art der Herstellung besonders gutes Erzeugnis hindeuten, wie z. B. Edelkaffee, Prima-Kaffee, Edelbrand-Kaffee, für solchen Kaffee auszuschließen, der lediglich als Handelsware gewöhnlicher Art gelten kann.

Für Röstereien, die ihr Sortiment durch Verkauf von Kakao und Tee erweitern, sind außerdem die *Verordnung über Kakao und Kakaoerzeugnisse*, die *Verordnung über Kakaoschalen* und die *Verordnung über Tee und teeähnliche Erzeugnisse* zu erwähnen.

Weitere öffentlich-rechtliche Bestimmungen, die von Röstereien zu beachten sind, sind u. a. die Vorschriften des *Maß- und Gewichtsgesetzes* (§§ 9 ff.: Eichpflicht für Waagen), des *Güterkraftverkehrsgesetzes* und des *Gesetzes über den Ladenschluß*.

Die Erwähnung des Gesetzes über den Ladenschluß leitet bereits zu den zahlreichen arbeitsrechtlichen Vorschriften hinüber, die jedoch keine Spezialbestimmungen über Kaffeeröstereien enthalten.

Schließlich ist noch auf das Gebiet des *Wettbewerbs-* und *Warenzeichenrechts* hinzuweisen, insbesondere auf folgende Gesetze:

Warenzeichengesetz

Gesetz gegen den unlauteren Wettbewerb

Gesetz gegen Wettbewerbsbeschränkungen (sog. Kartellgesetz)

Gesetz über Preisnachlässe (Rabattgesetz)

Verordnung des Reichspräsidenten zum Schutze der Wirtschaft, Erster Teil: Zugabewesen („Zugabeverordnung")

Die vorstehende Aufzählung der für eine Rösterei in Frage kommenden Gesetzesbestimmungen erhebt keinen Anspruch auf Vollständigkeit; aber sie zeigt immerhin, daß es wirklich ein Paragraphen-Urwald ist, in dem sich der Röster zurechtzufinden hat — na ja, wenn er auch mit der Frucht eines Urwaldstrauches handelt...

Der Kaffee-Extrakt und seine Zukunft

Um eine Vorstellung von den Absatzmöglichkeiten beim Kaffee-Extrakt zu gewinnen, sollte man sich kurz mit dem Werdegang und dem Wesen der Materie vertraut machen.

Das Anfangsstadium der Herstellung — das Rösten und Mahlen der verwendeten Kaffees — entspricht dem der üblichen Vorgänge in jedem Röstbetrieb, wobei selbstverständlich hier wie dort die Qualität des Rohgutes, eine sorgfältige Vorreinigung und das Verlesen, nicht zuletzt auch die Kunst des Mischens und die Geschmacksabstimmung von ausschlaggebender Bedeutung für die Güte des Enderzeugnisses sind.

Während bis zum Abschluß dieser Arbeitsvorgänge die Verarbeitung in der Röstindustrie und im Extraktwerk parallel verläuft, geht bei der Erzeugung löslicher Kaffees der Produktionsgang von da an einen gänzlich anderen Weg. Hier schließt sich das Extrahieren des besonders feingriffigen Mahlgutes auf industrieller Basis an, im Großverfahren also, das allein imstande ist, in kurzer Zeit große Mengen eines stark konzentrierten Auszugs zu liefern, der mit einem Gehalt von 20 bis 30 Prozent Extraktivstoffen besonders hoch angereichert sein muß. Dieser Prozeß läßt sich nach mehreren Methoden durchführen, so unter Druck im sogenannten „Gegenstromverfahren“, das mit Heißwasser oder anderen Lösungsmitteln vorgenommen wird, durch das Auslaugen in überspanntem Heißdampf u. a. Das dadurch gewonnene dickflüssige Konzentrat wird danach blankgefiltert, um ihm auch die feinsten Schwebeteilchen zwar aufgeschlossener, aber nicht weiter lösbarer Substanzen zu entziehen, hauptsächlich Rohfaser (Zellulose), wie sie beim üblichen Aufgießen des Kaffees im Haushalt oder in der Probenküche als unverwertbarer „Satz“ zurückbleibt. Das so geklärte Filtrat wird anschließend dem Sprühturm zugeführt, einer Anlage, die es unter Heißluftzuführung über Düsen zerstäubt und in der Trockenkammer dehydriert, d. h. ihm alle Feuchtigkeit entzieht, so daß sich der Extrakt in Pulverform in Bodenbehältern niederschlägt. Das Endprodukt ist damit ein Trockenpräparat von Festsubstanzen, die sich in der Tasse dann in einen reinen Kaffee „verwandeln" lassen, der also keine konsistenten Rückstände mehr enthält, sondern nur jene wasserlöslichen Stoffe, die allein zählen: Ätherische und fette Öle, Koffein, Zucker, Eiweiße, organische Säuren, die stickstoffhaltigen Extraktstoffe und dazu unzählig viele Spurenelemente, deren Natur man zum größten Teil noch gar nicht kennt.

Von den ersten Versuchen der Amerikaner, einen „soluble coffee" herzustellen, bis zum hochwertigen Extraktkaffee unserer Tage war es ein langer, mühevoller Weg. Neben vielen anderen Kinderkrankheiten haftete den ersten Produkten ein besonderer Mangel an, nämlich der Verlust des gerade wertvollen und so erwünschten Aromas, das damals im Fabrikationsgang völlig verlorenging. Durch viele Experimente versuchte man zu jener Zeit, das Aroma durch Beigabe von Kohlehydraten und anderen Substanzen zu fixieren. Man arbeitet zeitweise sogar mit künstlichen Aromen und verwendete Azetate und Isoprene als Bindemittel, bis es dann endlich gelang, sich von all diesen unnatürlichen Bestandteilen freizumachen und durch verfeinerte Herstellungsmethoden das reine Kaffeearoma zu erhalten und damit das qualitativ einwandfreie Produkt von heute auf den Markt zu bringen.

Wenn man sich eine Vorstellung von den zukünftigen Verbrauchsmöglichkeiten machen will, sollte man versuchen, Art und Größe des Konsumentenkreises festzustellen, die Bedeutung jener Bevölkerungsschichten, die als gelegentliche oder regelmäßige Verbraucher anzusprechen sind. Mit anderen Worten also: Wem, wann und wo aus vielerlei Gründen an der raschen, mit wenig Umständen verbundenen Bereitung des Genuß- und Anregungsmittels Kaffee gelegen ist, wen dabei auch „außer der Reihe" öfter das Gelüst überkommt, einen „coffee break", die schöpferische Kaffeepause, einzulegen. Wir wissen, daß die Mehrzahl unserer Hausfrauen der „altmodischen" Art des Einkaufs und der Bereitung treu bleiben, denn sie kaufen fast immer „nach Gesicht", dem äußeren Bild einer ihr vertrauten Mischung (die sich oft dann sogleich in der Elektromühle des Kaufmanns zu anonymem Pulver verwandelt). Ebensowenig wie die Gastronomie und die vielen Kantinenbetriebe wird sich diese Klasse des Konsumenten von ihrem konservativen Kaffee-Habitus trennen und zum löslichen Kaffee bekehren lassen.

Selbst die Amerikaner wurden mit dem „Instant Coffee" erst während des letzten Krieges näher bekanntgemacht, als er Millionen von GIs täglich in ihren K-Rationen zugeteilt wurde, und mit den Siegern von 1945 gelangte der Extrakt-Kaffee in die Alte Welt, wo man ihn nach den Jahren des Mangels und der Entbehrungen wie einen Freund aufnahm. Unzählig viele haben ihn nie vergessen, und im Laufe der Zeit traten immer neue Anhänger hinzu: Sie rekrutieren sich zur Hauptsache aus dem gewaltigen Heer der Berufstätigen, dem es in der Hetze seines Alltags einfach an Zeit und Muße gebricht, herkömmlicher Kaffeebereitung nachzugehen. Und zu ihnen stieß die ständig wachsende Legion der Touristen und Camping-Freunde, die ebenfalls den raschen und rationellen Gebrauch in Anspruch nehmen, der sie mit einem Minimum an Arbeit und Umstand auskommen läßt, und dabei lernten sie jenseits unserer Grenzen auch die Geschmackssinne einer Kaffeekultur kennen, die älter als die unsrige ist.
In nur knapp anderthalb Jahrzehnten hat der Kaffee-Extrakt eine

Die Probenküche

Die Aufgabe des „coffee-graders" in Übersee besteht darin, die für die Verschiffung vorgesehenen Lose, wie z. B. in Brasilien, nach dem Grad des Einwurfs, der Bohnengröße, der Farbe des Rohguts, dem Verhalten beim Rösten und dem Tassengeschmack zu klassifizieren. Das sogenannte „taste testing" im Ursprungsland erstreckt sich also auf die Geschmacksbestimmung einzelner, in sich geschlossener Kaffee-Partien. Der Fachmann in der Probenküche des Seehandelsplatzes hat über die scharfe Qualitätskontrolle jeder abgeladenen Provenienz hinaus zusätzlich eine überaus wichtige Funktion: spezielle Wünsche des Rösters zu erfüllen und ihm in allen Fragen des Einkaufs beratend zur Seite zu stehen. Welche Probleme sich auch immer ergeben mögen — die Zusammenstellung und Abstimmung einer neuen Mischung, die Suche nach Spezialitäten, die Anwendung einer bestimmten Rösttechnik, Wasserfragen oder Methoden des Mischröstens: alle diese Fragen werden in der Probenküche einer gründlichen Prüfung unterzogen und gelöst.

Anhängerschaft gewonnen, von deren Größe und Bedeutung man sich vor dem Kriege keine Vorstellung hätte machen können. Ob sich der Verbrauch künftig im gleichen Maße ausweiten läßt, stehe dahin. Der Fachmann wird wissen, daß der Kaffee-Extrakt einem Trocknungsprozeß unterzogen wird und damit Aromastoffe verlorengehen. Die kaffeebesessene Hausfrau wird kaum auf den Duft gerösteter Kaffeebohnen verzichten, immer aufs neue dem Zauberduft frischgemahlenen Kaffeemehls erliegen und tagtäglich der geheimnisvollen Zeremonie der Bereitung nach „ihrem" Rezept nachgehen. Hier liegt wahrscheinlich der Schlüssel für die Vermutung, daß der Kaffee-Extrakt sich bei einem bestimmten Konsumanteil, wie ihn auch andere Extrakte und Trockenprodukte (z. B. Fleischextrakt oder Pulvermilch) besitzen, einpendeln wird. Diesen Konsumanteil dürfte der Kaffee-Extrakt kaum wesentlich überschreiten, da er nicht jeden Kaffeetrinker zum Freunde gewinnen kann.

Ich will nicht der Maßlosigkeit das Wort reden oder mich gar herausstellen als eine, die den Mut hätte, gefährlich zu leben; ich will nicht den Mann zu einem Helden machen, der sein Geld am Spieltisch verliert oder es für edle Pferde verwettet, nicht den Zecher preisen, der sein eigenes Ich im Unbewußten verliert, — nein, ich will von der irdischen Seligkeit, dem Kaffee, erzählen.
Und könnte ich nun noch Worte finden, die nicht nur von Ihrem Ohr aufgenommen, von Ihren Augen gelesen, sondern die Sie ansprechen würden, neugierig und lüstern machen, nein, die Sie entflammen könnten, die in Ihnen den Wunsch riesengroß werden ließen, meine Liebe, ja, meine Besessenheit für den Kaffee zu verstehen, zu erleben, ihm ebenso zu verfallen wie ich — es würde für mich, eine Sünderin in Kaffee, ein Freispruch sein!

Aus Sybille Schall, *Die Kunst, Kaffee zu trinken*

Quellennachweis

The Brazilian Coffee Institute, New York, N. Y.
Bureau of Labor Statistics, Washington, D. C.
Central Offices FEDECAME, El Salvador, C. A.
FAO, Rom und New York, N. Y.
IBC, Rio de Janeiro
Kaffee- und Teemarkt, Hamburg
Pan-American Coffee Bureau, New York, N. Y.
Geo. Gordon Paton & Co., New York, N. Y.
Statesman's Yearbook, 94th Edition, London
Statistisches Bundesamt, Wiesbaden
The Tea und Coffee Trade Journal, New York, N. Y.
U. S. Bureau of Census, Washington, D. C.
U. S. Dept. of Commerce, Washington, D. C.
U. S. Dept. of Labor, Washington, D. C.

Bildnachweis

Folgende Firmen stellten freundlicherweise ihre Bildvorlagen für diese Veröffentlichung zur Verfügung:
Foto-Germin, Hamburg (S. 155, 158, 165, 183), Foto-Lüden, Hamburg (S. 132, 148), Pan-American Coffee Bureau, New York (S. 23, 29, 35, 37, 39, 43, 45, 49, 83), Verlag August Gerlach, Hamburg (S. 137, 151).

DEUTSCHE BANK

AKTIENGESELLSCHAFT

Düsseldorf Frankfurt (Main) Hamburg

Kapital und Reserven 465 Millionen DM

Über 350 Geschäftsstellen in der Bundesrepublik

PROBAT

Wir liefern:

komplette und vollautomatische

Kaffee-Rösterei-Einrichtungen

wie Röstmaschinen,
Rohkaffee-Reinigungsanlagen,
Förderanlagen aller Art,
ferngesteuerte Verteiler, Siloanlagen,
Gattierungs-Einrichtungen,
Rauch- und Häutchenverbrennungsanlagen,
Entsteinerwaagen usw.

PROBAT-WERKE

von Gimborn & Co., KG.

EMMERICH/RH.

Tel.: 2561 - Telegr.: PROBAT

PRODUKTIONSWERK DIREKT IM HAFEN HAMBU

DEUTSCHER
EXPRESS
KAFFEE

DE
K

EKENNZEICHNET DURCH DIE

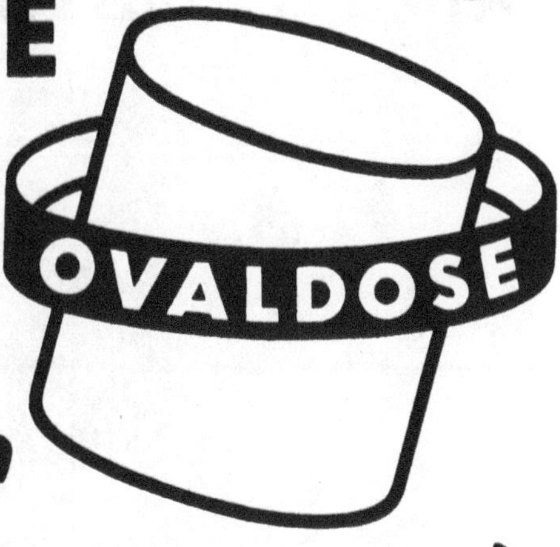

Für Alle,

IE AUF HOHE QUALITÄT WERT LEGEN!

UNTER GEWÜNSCHTEM FIRMENNAMEN

EUTSCHE EXTRAKT KAFFEE GMBH
AMBURG-WILHELMSBURG · RETHEDAMM 8 · TEL. 75 15 35

Aerotherm®

WIRBELRÖSTUNG

W

LURGI

Prinzip: Wärmeübertragung nicht durch Verbrennungsgase, sondern nur durch heiße Frischluft, also äußerst schonend. Die Charge wird im heißen Wirbelbett in 2 bis 3 Minuten fertiggeröstet und anschließend in einem Kaltluftwirbel innerhalb von 1 bis 2 Minuten auf die Außentemperatur abgekühlt.

Vorteile: Die kurze Röstzeit und die Gleichmäßigkeit der Röstung verhindern die Zersetzung der Geschmacksträger und vermindern den Einbrand. Wegen der schlagartigen Abkühlung kann der Kaffee nicht nachrösten. Seine Poren schließen sich so schnell, daß das Aroma vollkommen erhalten bleibt.

Typen: Lieferbar für Leistungen von 100 bis 1200 kg Rohkaffee/Stunde und Einheit, halb- oder vollautomatisch.

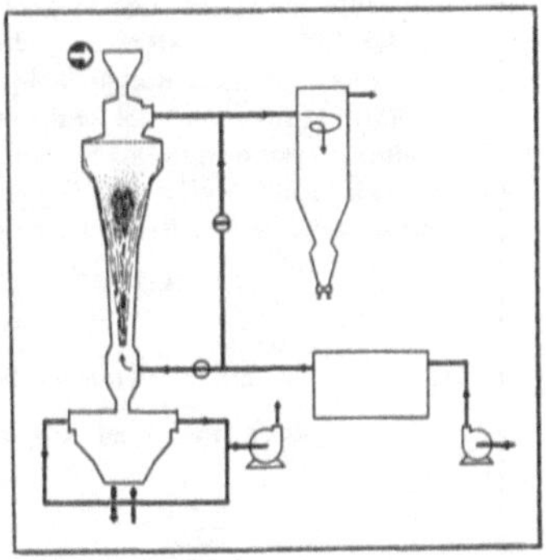

LURGI GESELLSCHAFT FÜR WÄRMETECHNIK MBH

FRANKFURT AM MAIN

. . . den Markt in der Tasche

Fachleute der Kaffee- und Teebranche haben den „Kaffee- und Tee-Markt" in der Tasche. Buchstäblich – denn das handliche Format (14,5 x 21 cm) der zweimal monatlich erscheinenden Zeitschrift des Gordian-Verlages enthält, was Kaffeeröster und -Importeure ständig brauchen: Statistiken, Preise, Marktberichte, Röstpraxis, Maschinenberichte, Patente und vieles andere mehr. Wer mit Kaffee und Tee zu tun hat, will über sein Fachgebiet orientiert sein und liest den

KAFFEE- UND TEE-MARKT
2 x monatlich

Ein Vierteljahresabonnement kostet 8,– DM

Bestellen Sie ein kostenloses Probeheft beim Verlag

GORDIAN – MAX RIECK, HAMBURG 22

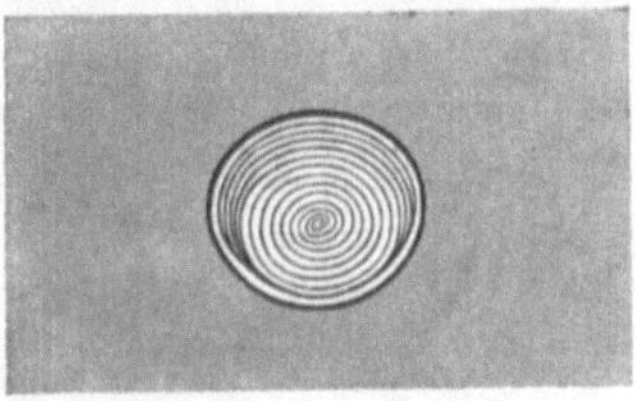

GORDIAN-Geräte

GORDIAN - MAX RIECK

Hamburg 22, Stormsweg 6a

vollautomatische

Druckkaffeeröstmaschine (PRESCA-Verfahren)

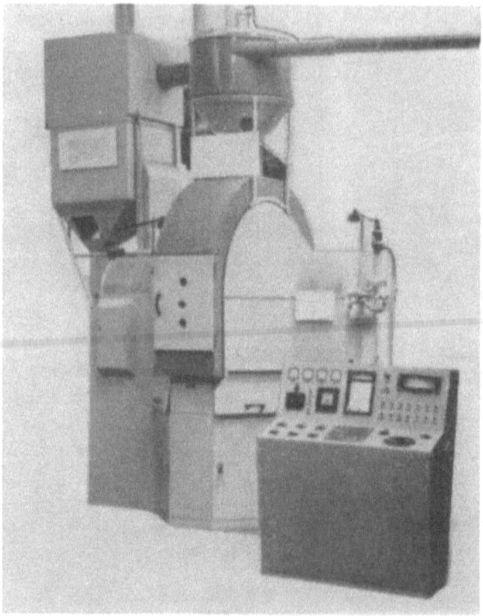

Vorteile des neuen Röstverfahrens:

a) minimaler Einbrand

b) bedeutende Qualitätsverbesserung

c) erheblich größerer Gehalt an Extraktivstoffen

d) viel bessere Haltbarkeit

Die patentierte Druckkaffeeröstmaschine wird von der

ELCALOR A.-G.
Fabrik für elektrotherm. Apparate
Aarau (Schweiz)
fabriziert und geliefert.

Interessenten stehen weitere Unterlagen zur Verfügung.

ELCALOR A.-G.
Fabrik für elektrotherm. Apparate
Aarau (Schweiz)

ELCALOR
AARAU

Gefütterte

Zellglas-Klotzbodenbeutel

3 Vorzüge

- ausgezeichneter Aromaschutz
- maschinell zu verarbeiten
- Blickfang durch besten Kupfertiefdruck

FELDMÜHLE

FOLIEN UND FASERSTOFF GMBH
UETERSEN BEI HAMBURG

ORIGINAL FAVORITE

Elektro-Kaffeemühlen

Leistung 200–250 g

von der kleinsten bis zur größten Type

Leistung 220–300 kg

ZWANGER GMBH · Pinneberg b. Hamburg

Bitte, senden Sie uns Ihre Anfrage.
Wir und unsere Generalvertreter beraten Sie gern.

VEREINSBANK IN HAMBURG

Gegründet 1856

ZENTRALE:
HAMBURG 11, ALTER WALL 20-30
TELEFON: 361061

*

Unsere
ABTEILUNG SANDTHORQUAI
im Hause der Kaffeebörse
steht Ihnen gern zur Verfügung

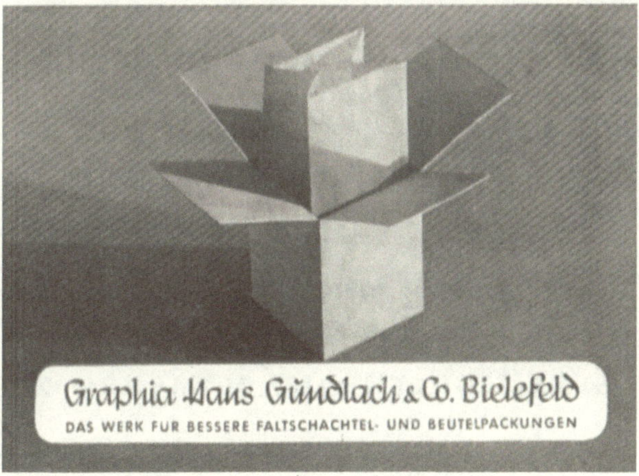

KÜHNE & NAGEL

IHR KAFFEESPEDITEUR

ELKA

Elektro-Kaffeemühlen

mit Leistungen von
200 bis 10000 Gramm
in der Minute

Über 50 Jahre Erfahrung im Bau von Elektromühlen

ELKA-MÜHLENBAU - HAMBURG 22

COFFEINFREIER ROHKAFFEE

wird hergestellt von der

COFFEIN COMPAGNIE
Dr. Erich Scheele G. m. b. H.
Bremen

Wenn es sich um Verpackung dreht,
man gern zu „Bintz mit tz" geht!

Bintz mit tz

ERICH ED. BINTZ · HAMBURG 1

Peters & Löwenthal
gegr. 1883
Fachspediteure für Kaffee

Hamburg und Bremen

COMMERZBANK

AKTIENGESELLSCHAFT

Hauptverwaltungen:

DÜSSELDORF · FRANKFURT A.M · HAMBURG

Geschäftsstellen überall in der Bundesrepublik und in West-Berlin

Auslandsvertretungen in Amsterdam, Beirut, Buenos Aires, Johannesburg, Kapstadt, Madrid, Rio de Janeiro und Windhoek

PAUL KAACK & CO.

HAMBURG 20
Heckscherstr. 48

FERNRUF:
Sa.-Nr. 406464

MASCHINENFABRIK

GEGRUNDET 1889

SÄMTLICHE ROHKAFFEE-AUFBEREITUNGS- UND VEREDELUNGSMASCHINEN

DR. OSKAR F. KADEN

F. L. K. Forschungslabor für Kaffee und Kakao

Hamburg-Altona, Eulenstraße 12

Regelmäßige warenkundliche und rösttechnische

KAKAOLEHRGÄNGE · KAFFEELEHRGÄNGE · TEELEHRGÄNGE

BERATUNGEN, GUTACHTEN

AUSARBEITUNG VON VERFAHREN

KAFFEE-BLOCK- UND BODENBEUTEL von $^1/_8$–10 kg

für Röstereien · Laden- und Versandgeschäfte · Packpapier und Tragetaschen

MIT WERBEDRUCK

Deutschlands älteste Tüten-Fabrik

N. F. A. Netzler Nachf.

G. m. b. H.

Hamburg-Altona

Kaffeeglasuren · Frischhaltemittel

Kaffee-Zusatz-Gewürz

Seit Jahrzehnten bewährt und beliebt

Geschw. EISENBEISS, Heidelberg

Seit über 30 Jahren garantieren

PALUX *Frischwasser-*

KAFFEEMASCHINEN

einen Filterkaffee von höchstem Aroma
und vorzüglicher Bekömmlichkeit

PATZNER KG. - BAD MERGENTHEIM/WTTB.

REINHOLD PARLOW

Schokolade und Konfekt

Mit 38 Textabb. und 4 Tafeln, 8°
VIII, 198 S., 1956, Leinen, DM 15,80

WALTER DE GRUYTER & CO. · BERLIN W 35

HANS HAAGE

Das Abladegeschäft

4., völlig neu bearbeitete und erweiterte Auflage.
1958. 8°. 238 Seiten. Leinen DM 18,–
Mit diesem Werk soll dem Kaufmann und dem praktischen Juristen ein kurzer Überblick über das Recht des Abladegeschäftes, wie es sich im Spiegel der kaufmännischen Verkehrsauffassung und der Rechtssprechung der Schiedsgerichte und der ordentlichen Gerichte darstellt, gegeben werden.

MATHIES – GRIMM

Die Geschäftsbedingungen des Waren-Vereins der Hamburger Börse E. V.

2., neu bearbeitete Auflage. 1955. 8°, XII, 159 Seiten. Leinen DM 18,–
Kommentar zu den Geschäftsbedingungen des Vereins zur Förderung des Hamburgischen Handels mit Kolonialwaren und getrockneten Früchten (Waren-Verein der Hamburger Börse) E. V.

Allgemeine Deutsche Seeversicherungs-Bedingungen

Textausgabe. 32.–34. Tausend. 8°. 67 Seiten.
1960. Kartoniert DM 3,50
Im Jahre 1919 herausgegeben von den deutschen Seeversicherern.
Anhang: Zusatzbestimmungen für die Güterversicherung (1947),
DTV-Kriegsklauseln von 1955.

General Rules of Marine Insurance

2., durchgesehene Auflage. 1954. 8°. 76 Seiten. Kartoniert. DM 5,–
Englische Ausgabe der Allgemeinen Deutschen Seeversicherungs-Bedingungen.

HERBERT HOLST

Kleine Kakao-Kunde

Mit zahlreichen Textabb., Bildern auf Tafeln, 8°.
Etwa 160 Seiten. 1960. In Vorbereitung.

CRAM · DE GRUYTER & CO · HAMBURG 1

GERHART SÖHN

Kleine Kaffee-Kunde

Mit 10 Textabb., 54 Bildern auf 32 Tafeln und 1 farbigen Titelbild.
8°, 208 Seiten. 3. Auflage. 1957. Leinen DM 14,80
Die Tatsache, daß dieses Buch innerhalb von drei Jahren bereits in dritter Auflage erscheinen konnte, beweist die starke Resonanz in Fachkreisen. Es ist ein Lehrbuch und ein Nachschlagewerk für die tägliche Praxis.

Von Mokka bis Espresso

Mit 46 Textabb., 66 Bildern auf 35 Tafeln. 8°. 245 Seiten.
1957. Leinen DM 16,80
Aus der buntfarbigen Kulturgeschichte des Kaffees entwickelt Gerhart Söhn sein Buch. Es ist ohne allen Zweifel die beste populäre Gesamtdarstellung.
„Westermanns Monatshefte"

Der Tee VON OTTO F. SCHLEINKOFER

Mit 8 Textabb., 32 Bildern auf 16 Tafeln und 1 farbigen Titelbild.
8°. 120 Seiten. 2. Auflage. 1956. Leinen DM 12,80
Dieses Werk ist ein Fachbuch für Importeure, Lebensmittelhändler und das Hotel- und Gaststättengewerbe sowie ein Informationsbuch für alle, die über „ihren Tee" genaueres wissen wollen.

HANS SPRIESTERSBACH

Kaffee · Kakao · Tee

Mit 7 Kartenskizzen. 8°. 160 Seiten. 1959. Kartoniert DM 9,80
Ein Lehr- und Handbuch für Importeure, Makler, Röster und den gesamten Lebensmittelhandel, das auch die Wirtschaftsgeschichte dieser drei Genußmittel behandelt.

CRAM · DE GRUYTER & CO · HAMBURG 1

www.ingramcontent.com/pod-product-compliance
Lightning Source LLC
La Vergne TN
LVHW092107300926
849161LV00002B/66